SHODENSHA
SHINSHO

# 眠りにつく太陽

## ——地球は寒冷化する

桜井邦朗

JN283439

祥伝社新書

# まえがき

表題を見てこの本を手にされた方は、「まさか、こんなことが」と反応されたり、「まったくありえない」と断定されたりするのではないか——と著者の私には、少しばかり気がかりである。

地球は急速に温暖化しており、これからもしつづける。これが一般の人の認識だろう。

だが、今後予想される気候変動について著者が抱く予想を述べるに当たって、このような表題を選んだのには理由がある。

実は、かつて私は、気候の寒冷化について予測した論文を、イギリスの週刊科学誌「ネイチャー（NATURE）」の1977年9月29日号に発表したことがある。「太陽の自転速度の変動からみた気候の寒冷化について」と題した短い論文であり、20世紀の終わり頃から21世紀前半にかけての数十年にわたり、地球は寒冷化しているであろうと予測したのであった。

この予測は、結果的には完全にはずれ、太陽活動は非常に活発で、地球が寒冷化するどころではなかった。それは、読者の皆さんもご承知のとおりである。

私自身は、外国の研究仲間から、からかわれたり、失笑されたりで、散々であったことを記憶している。

こんな経験があるだけに、地球の寒冷化の可能性について、今度は日本語だが、本の形で公《おおやけ》にするのには、心にいささかの抵抗がある。

だが、今までほぼ半世紀にわたって研究してきた太陽活動の変動性と、それに関わる地球気候の動きに関して、太陽活動の現在の姿から予測されることがらについて、多くの人に見ていただくことが、私に課された義務なのではないかと考えたのであった。

現在、「気候変動に関する政府間パネル（ＩＰＣＣ）」を中心として、地球温暖化が急激に進行していること、そして、その原因が人類が排出する炭酸ガス（$CO_2$）であるということが、結論のようにいわれている。

新聞やテレビなどのマスメディアも、そのように伝えている。

しかし、本書で出す結論は、それとはまったく別の予測である。

もちろん、予測であるから、1977年にした失敗と、再び同じ結果になってしまう可能性はある。

しかし、最近の過去100年余りを通じて、太陽活動がどのように変動してきたか、またそれにともなって、地球の気候がいかに推移してきたかについて、一般の方々に正しく理解していただくことが大切なのだとの結論に達したのだった。その結果、できあがったのが本書なのである。

できるかぎりわかりやすく書いてはいるが、本書には、太陽活動と気候との関係についてのたくさんのグラフが出てくる。これらのグラフはすべて、現在手に入る観測結果に何らの作為も交《まじ》えずに作ってあり、ゆるぎない事実を示している。

読者の方にお願いしたいのは、それらを面倒がらずに見ていただき、示されている結果について、ご自身で判断していただきたいということである。

「事実をして語らしめよ」、これが著者の信条であり、研究者としての義務なのだと考えているのである。

本書が、私たちの住む地球の環境と太陽活動との関わりについて深く考えるきっかけとなれば幸いである。

2010年初秋

桜《さくら》井《い》邦朋《くにとも》

# 目次

## 第2章　太陽活動と地球気候との関わり

## 第3章　太陽の何が地球の気候に影響しているのか？

## 第4章　地球温暖化と太陽との関わり



## 第5章　「眠りについた太陽」の今後は

## エピローグ　小氷河期がきたら私たちはどうなるか



図版制作――ＤＡＸ

プロローグ

# 「眠りにつく太陽」とは？

## 太陽は本当に眠ってしまったのか

よく知られているように、太陽にはときどき、黒い染《し》みのように見える黒点が発生する（図1）。

太陽を直接眺めると失明する危険があるから、このようなことをしてはいけないが、西の空に沈んでいく朱色に染まった太陽に、黒点が観察されることがある。肉眼で見える黒点は地球の直径の10倍か、それ以上に大きいため、滅多に見られるわけではない。大部分の黒点は、こんなに大きくはないので、天体望遠鏡によらなければ見えない。

幸運に恵まれたというべきか、アメリカのＮＡＳＡで働いていた当時、１９７６年3月26日に、沈んでいくオレンジ色の太陽の南半球に、東西に連なる数個の大黒点を肉眼で見たという経験がある。

こんなことは稀《まれ》にしか起こらないことなので、目をつむると今でもその黒点群が、つい先日のことのように瞼《まぶた》に浮かぶ。１９７６年は、太陽活動がその前後数年の中

**図1　太陽黒点**

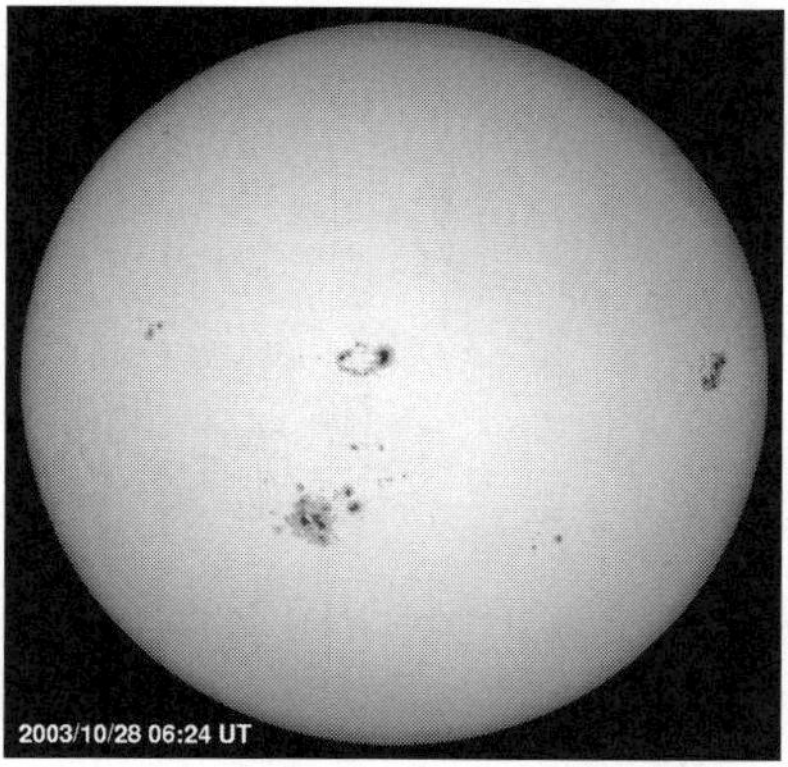


写真　SOHO (ESA & NASA)

で最も弱かった時期で、私が見た黒点群の発生は、当時珍しいこととされたのであった。

今、「太陽活動（Solar Activity）」という言い方をしたが、後に詳しく説明するように、太陽活動の活発さは、太陽面に観測される黒点や黒点群の数の表わし方に特殊な工夫をして、この活動の指標（index）として用いて表現する。

黒点や黒点群がなぜ太陽活動の表現に関わるのかというと、この太陽活動の活発さは、地球環境で起こる地球磁気の乱れやオーロラなどの発生頻度と強く関係しているからなのである。

ここ数年のことだが、太陽活動が異常に静かになってしまって、太陽が〝休眠期〟に入ってしまったのではないか、あるいは〝冬眠〟状態にあるのではないかというニュースや報道を見聞きすることがある。

2010年3月19日の朝日新聞は次のように記している。

「太陽が『冬眠』準備に入ったらしい。国立天文台などの観測から、約11年で繰り返してきた太陽活動の周期が2割ほど長くなり、表面の磁場も観測史上最低レベルを記録したことがわかった。こうした現象は活動が弱まる直前の特徴として知られる」

そのようにいわれる背景には、太陽面に現われるはずの、黒点や黒点群が非常に少なくなっているという事実がある。2009年末から2010年にかけて、太陽黒点は久しぶりに現われた。

この観測事実はいったい何を意味しているのだろうか。

太陽面に黒点や黒点群がほとんど現われない時代が、歴史上、17世紀半ば頃から約70年にわたって続いたことがある。この時代は「無黒点期」と呼ばれている。

そして、現在、すなわち2007年頃から以降、この時代を思い出させるような推移が、太陽活動に見られるのである。

もし、この推測が当たり、太陽面に黒点や黒点群がほとんど観測されない期間が、今後十数年以上も続くようであれば、先ほど述べたような無黒点期が到来するかもしれない。

その予測をするためには、太陽活動と地球気候との間に関わりがあるのか、あるとすればどのような因果関係によるものなのかを明らかにすると同時に、今後の太陽活動の変動を観測していくことが必要である。

**地球が寒冷化した時代**

17世紀半ばから70年ほどにわたった無黒点期は、地球が寒冷化した時代で世界各地に飢饉《ききん》をもたらし、人々の生活を苦しめただけでなく種々の気象災害を引き起こしている。我が国の場合も例外ではなく、この無黒点期には農民一揆が多発している。

このような無黒点期は、19世紀の終わりにイギリスの天文学者ウォルター・マウンダー（W. Maunder）が初めて指摘したので、「マウンダー極小期（Maunder Minimum, 1645-1715）」と呼ばれる。この呼称は、1975年にジャック・エディ（J. A. Eddy）によってなされた。

エディその人は、この時代が厳しい寒冷期であり、13世紀終わり頃から1850年頃まで続いた「小氷河期（Little Ice Age）」の中で、冬の寒さが最も厳しかっただけでなく、年間を通して気候が不順で寒い日が多かったことを、初めて明らかにした。

こうした時代があり、その成因に太陽活動が因果的に絡んでいたことは、現在では当然のことと受け取られているが、エディがこの寒冷期を「マウンダー極小期」と呼ぼうと提案したとき、大部分の太陽研究者にとっては「そんなバカな……」というのが、正直な反応であった。

彼がこの提案を初めてしたのは、1975年11月にNASAゴダード宇宙飛行センターでの講演であり、私は聴衆の一人として、その場に居合わせたのであった。そのときに受けた衝撃がいかに強烈であったかは、彼の顔立ちとともに今でもありありと思い浮かぶ。

この彼の講演がきっかけとなり、彼と私との間で手紙や論文のやりとりが始まった。エディからは「マウンダー極小期（The Maunder Minimum）」と題した論文（アメリカ科学振興協会の機関紙である「Science」に掲載された）を送ってもらった。

こうした出会いがなければ、本書でこれから述べていくようなことがらについて、私が研究を始めることはなかっただろう。

今から15年ほど前に、我が国との研究協力について協議するために、夫人とともに来日、10日余り一緒に国内を旅したのが、懐かしい思い出として私の胸に刻みこまれている。残念なことだが、彼は２００９年2月に亡くなった。

のっけから個人的なことを語りすぎたが、その後ここ30年余りの間に、このエディの研究成果を出発点として、太陽には、異常ともいうべき静穏な活動状態を数十年にわたって維持しつづける時期や、また逆に黒点や黒点群が相次いで発生するという異常な大活動期が、過去1000年ほどの期間に見られたことが明らかにされていった。

太陽活動と地球の気候との間には、深い関係があることがわかってきたのである。そして、歴史的に見て、こうした気候の変動は、私たち人類の生活に非常に大きな影響を与えてきた。

では、現在の太陽活動の状況から、現在そして将来の地球の気候はどのように変動していくと予想されるのだろうか。〝眠りにつく太陽〟は地球に何をもたらすのだろうか。

現在では、地球の温暖化に対して警鐘《けいしょう》がならされ、その原因とされる人為的な炭酸ガスの排出をどのように減らしていくかが急務という見方が一般的である。

一方で、その見方は本当に「正しい」ものなのだろうか？　地球気候の変動の原因となる可能性のあるものは他にもたくさんあるにもかかわらず、なぜ炭酸ガス〝だけ〟なのだろうか？

私たちは、その理由について深く考えてみなければならない。

本書では、太陽活動にみられる長期変動の本質にふれながら、現在の太陽の姿を踏まえて、今後の地球環境に予想される変動について考えていくつもりである。

第1章

# 歴史に見る地球の気候変動

## 地球の気候は常に変動してきた

地球の環境は、長い歴史を通して常に同じであったわけではない。

現在は温暖化の時代といわれているが、直近の過去１０００年ほどの間にも、気候には温暖化が著《いちじる》しく進んだ時代、あるいは、厳しい寒冷化に見舞われた時代があった。

歴史上で中世に区分される時代、10世紀の半ば頃から13世紀の終わり頃にかけての３００年余りの期間は、現在のような温暖化が進んでいる時代よりも、全体として見るとおそらくずっと暖かかった。世界的に海進の時代であり、地中海の場合では、ロットネスト海進の時代として知られている。

一方、それ以降の時期は、気候が著しく寒冷化した、いわゆる「小氷河期」の時代であったこと、そのうち17世紀半ばから18世紀初めにかけての時期は「マウンダー極小期」と呼ばれることは、プロローグで述べた。

マウンダー極小期は、地球全体が寒冷化していたいわゆる「小氷河期」の中でも、寒さが最も厳しい時代であった。この「小氷河期」というのは、13世紀半ば以降、地球の寒冷化が始まり、19世紀半ば（１８５０年頃）まで、寒冬《かんとう》で冷夏の時代が続いたので、このような呼び方がされている。

この小氷河期には、１８００年前後の50年ほどにわたる別の気候寒冷期もあり、こちらは「ドールトン（Dalton）極小期」と、原子の存在を明らかにした科学者ドールトンの名前を冠して表わされている。

このドールトン極小期の時代には、寒冷化の影響によってヨーロッパ各地では農業の生産力が極端に落ち、穀物の価格の高騰を招いて、多くの人々が飢餓に苦しんだという。

このドールトン極小期とマウンダー極小期の２つの時代における、ヨーロッパ各国での小麦の価格の推移をみると、図２に示されるように、著しく価格が跳ね上がっていることがわかる。

人口統計については、正確なものはないが、イギリスでは、マウンダー極小期には人口増加は起こっていないというデータがある。

我が国については、私が調べたかぎりでは、マウンダー極小期における人口動態のデータはみつからなかった。

だが、ドールトン極小期の時代には、1780年頃から日本全体の人口は減りはじめ、1820年には、1780年頃の人口にまで回復している。もちろん、このような人口の変化が気候の寒冷化によるものかどうかについては、議論が分かれるところではある。

ただ、ひとつ注意すべきことは、1783年に起こった浅間山《あさまやま》の大噴火により、大気上層部に吹き上げられた火山灰は、その後地球の北半球上空を覆うように広がり、気候の寒冷化をさらに推し進めるような効果をもたらしたことが知られている。

ヨーロッパの画家であるコンスタブルやターナーの絵画に、空が赤く焼けた姿を描いたものがあるが、浅間山噴火による火山灰の影響と考えられる。

こうした気候の寒冷期は、マウンダー極小期から時代をさかのぼると、1450年頃から以降の約40年、さらに先へいくと1300年頃から以降の50年ほどの時代にも見られたことが、現在では明らかにされている。これらはそれぞれ、「シュペーラー

## 図2　ヨーロッパ各国における小麦価格の変動

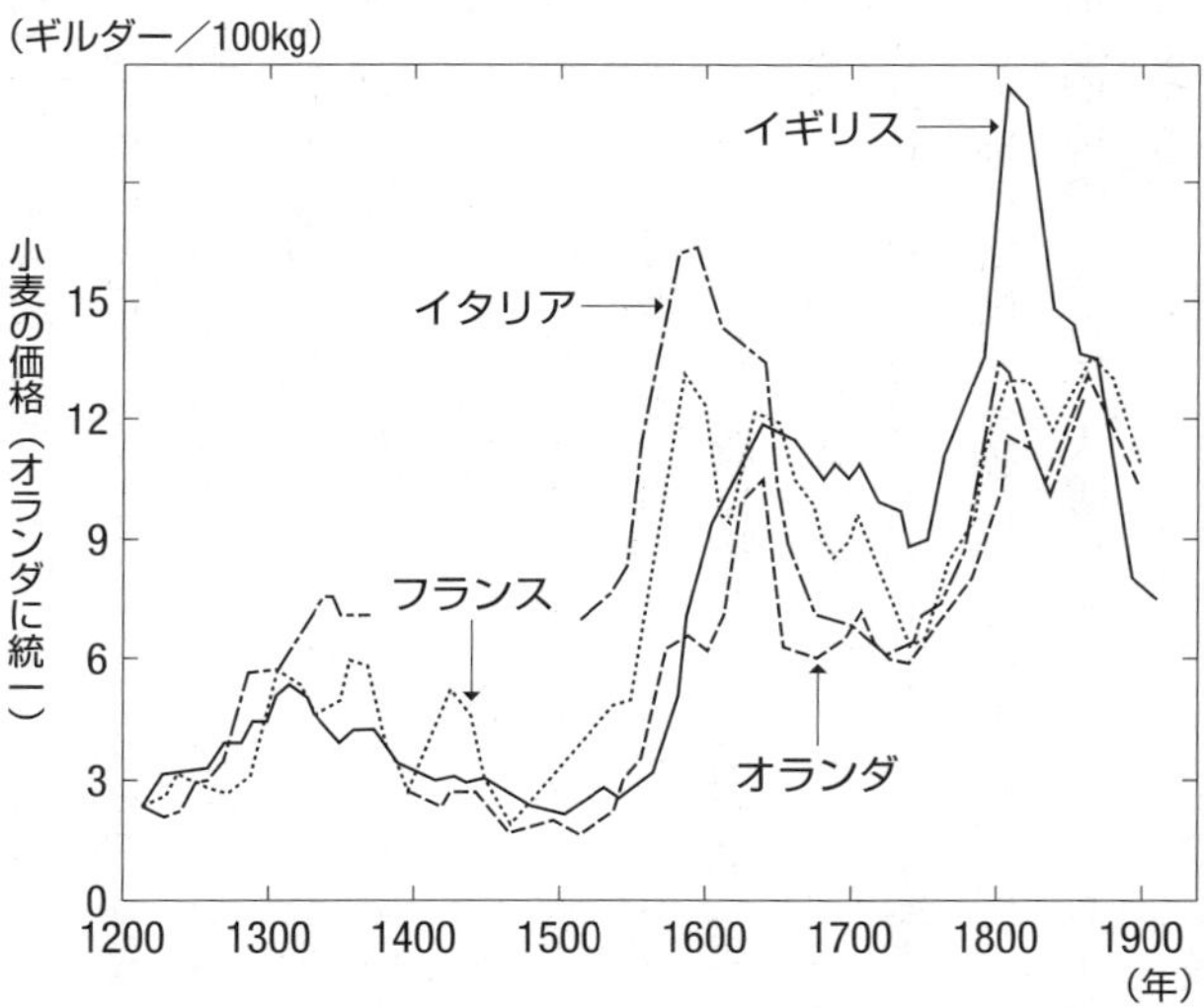


マウンダー極小期（17世紀半ば）とドールトン極小期（19世紀初め）の両極小期の時代に、小麦価格が高騰している。つまり小麦が不作であったことがわかる。
ギルダーは、かつてのオランダ通貨。
(H.Lamb,1982による)

極小期」「ウォルフ極小期」と呼ばれている。

これらの極小期は、文字どおり、太陽活動が極端に衰退した時代であり、マウンダー極小期は、太陽黒点の発生がほとんど見られない「無黒点期」であった。

その他の極小期の時代も無黒点期であったと考えられるが、ウォルフ、シュペーラー両極小期の時代には、太陽面上に出現する黒点の存在は知られていなかったので、どのような理由から、両時代とも無黒点期だといえるのかという説明がなされなければならない。このことの証明については後に述べる。

マウンダー極小期の約70年は、小氷河期の中でも、気候の寒冷化が最も厳しかった時代で、冷夏に襲われ、農作物の生育は極端に悪くなり、飢餓の時代であった。

このように、温暖化が進んだ中世にあっては太陽活動は極めて活発であったたし、反対にマウンダー極小期には太陽活動が極端に弱まっていた時代であった。

こうした地球気候の変動性と太陽活動の活発さの変動との、時代的な推移を見ると、地球環境の状態は、太陽によってコントロールされているのではないかと、つい考えたくなる。

本当にこのように考えることが妥当かどうかについて明らかにするためには、地球の気候変動の歴史について、太陽活動の変動性に注目しながら、改めて見直してみることが大切である。

そこで、まず歴史上、太陽の活動と地球の気候がどのように変動してきたかを、時代を追って見ていくことにしよう。

## 縄文の昔にさかのぼる

最後の氷河期（Ice Age）であるウルム（Wurm）期が、今から1万年余り前に終わった後、地球全体における温暖化が始まった。

我が国の民族の基盤となった縄文人が、縄文文化と呼ばれる生活様式を築き上げたのは、この地球の温暖化が進んだ時代であった。縄文文化の初期には、世界の平均気温は現在のそれに比べてセ氏で１・５度ほど高く、地球全体が極めて温暖な気候に覆《おお》われていた。この温暖な気候は３０００年近くにわたって維持されていたので、日本列島に住んでいた当時の人々にとって、過ごしやすい条件が整っていたものと推測される。

この温暖な気候により、南北両極地方に堆積していた氷のかなりの部分が溶解し、水となって大洋に流入したため、当時は海進の時代であった。

実際に日本でも、関東平野のかなり広い領域へと海水が流れ込み、現在陸地となっている場所の大部分が海面下へ没していた。今の群馬県の伊勢崎《いせさき》や桐生《きりゅう》あたりまで海洋が広がっていたことは、そうした場所に当時の貝塚が見つかることからも明らかである。

この縄文時代から現在に至るまでの気温変動については、古気候学について研究してきたホレース・ラム（H. Lamb）による復元図（図3）がある。

この図によると、縄文時代以降、世界の平均気温は紀元前3000年頃から下降の一途をたどっている。ごく最近の過去には気温変動については、実際の測定や歴史資料の分析から、かなり詳しいデータも得られるので、気温の推定値が図では黒丸で表わされている。これらを見ると、縄文時代に比べて、気温が全体として下がってきて

## 図3　最後の氷河期以後の気温変動

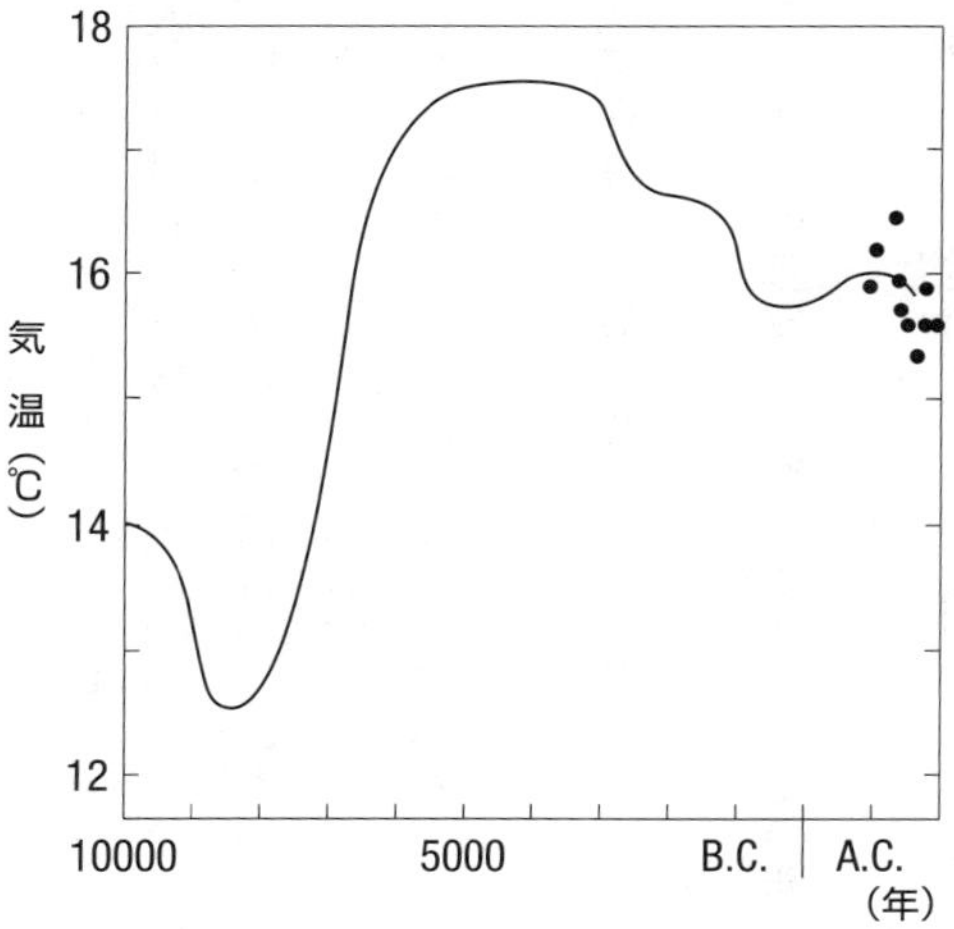


最後の氷河期（ウルム氷期）が終わった約1万年前以降の世界の平均気温の推移。平均気温17度を超える温暖な気候が約3000年にわたって続いたことがわかる。
(H.Lamb,1982による)

いることがわかる。

このように、気候は時とともにかなり大きく変わっていく。

実際、20世紀に入ってからも、気候温暖化の問題が喧伝《けんでん》されるようになる以前に、多くの人々は自らの体験から気候の温暖化についてしばしば語っていた。

私は、埼玉県の山深い田舎《いなか》に育ったのだが、子どもの頃には冬になるとかなり頻繁《ひんぱん》に大量の降雪があったのに、ある頃からほとんど積雪を見なくなっただけでなく、冬の厳しい寒さが薄らいだように感じていた。

## 中世の大活動期と人類の歴史への影響

紀元1000年前後から現在に至るまでの期間にも、地球の気候には大きな変動があった。

特に太陽活動が活発だったと推測される時代が、950年頃から1250年頃にわたってあったことが、間接的ながら現在では明らかとなっている。

この３００年ほどにわたる時代には、太陽活動が極端に活発化しており、歴史上、中世に当たるので「中世の大活動期（Medieval Grand Maximum）」と呼ばれている。

この時代は、気候では大温暖期に当たっており、現在の気候条件に比較して、年平均気温がセ氏で1度前後高かったものと推測されている。地中海では海面の上昇にともなう海進が起こっていたし、ヨーロッパ・アルプス以北の平原地帯では農産物の収穫量が上がり、人口爆発の時代であった。

西ヨーロッパの歴史の中で最も注目されるのは、ヴァイキングによるグリーンランドへの入植がある。ヴァイキングを生み出したのは北欧だが、彼らは造船技術に優れ、北大西洋へと乗りだした。

気候が温暖化すると、北欧を根城としたヴァイキングたちは、イギリス本島からさらに南下して地中海にまで入りこみ、植民して、暴虐《ぼうぎゃく》の限りを尽くした。また、アイスランドからグリーンランドへと渡り、グリーンランド西海岸を植民地化して、人々の入植による農業、牧畜業が栄えた。

気候の温暖化にともなって、カナダ北部の植生も変わり、ヴァイキングが遺《のこ》したサガ（Saga）と呼ばれる記録文学によると、現在のカナダ東部、ノヴァ・スコシアにブドウが実っていたということまで記されている。

また、980年代に赤毛のエリックという名前の親子が二代にわたって、グリーンランドから北アメリカのニューファウンドランドを探検しているという記述もある。

この赤毛のエリックがグリーンランドを探検したとき、現在見られるような氷の大平原ではなく、この大陸が緑の木々に覆われていたことから、〝緑の大地（Greenland）〟と命名したということである。グリーンランド南端部から西海岸を北へたどった地域に、当時の人々が農業で生計を立てていたことを示す遺跡がたくさん遺されている。

グリーンランドに入植した人々は、小麦類の栽培や養豚業に従事していたことが、遺跡に遺されている種々の資料から明らかにされている。

現在のグリーンランドは氷に閉ざされた大陸で、西海岸の一部に人々が住んでいるだけだが、太陽活動が活発だったいわゆる中世の大活動期には、文字どおり緑の大陸だったのである。

グリーンランドの植民地が悲劇的な結末を迎えるのは、1300年より少し前に開始したウォルフ極小期と呼ばれる寒冷期で、１３４５年には入植地のすべてが放棄されてしまったという。

ヨーロッパ・アルプス以北の国々でも事情は似ており、ここでも農業生産性が上がり、人口爆発の時代であった。

## アジアと日本における中世温暖化の影響

この時代の日本はどうであったかというと、やはり温暖化した気候に日本列島も包まれていたのであった。

やや個人的な話になるが、１９５２年４月に、私は京都大学へ入学した。最初の１年間は、宇治《うじ》市五ヶ庄《ごかしょう》にあるキャンパスで学ばなければならなかった。当時、萬福《まんぷく》寺《じ》の東側にある小高い赤松林に覆われた山へ登ると、宇治川の西側に広がる湿地帯を一望の下に眺められた。京都寄りの湿地帯はかつて水を湛《たた》えた大きな池となっており、巨椋《おぐら》池と呼ばれていた。湿地帯と隣接するこの池は、中世の時代に入りこんでいた大阪湾の余波《なごり》なのだと教えられたのを、今でも記憶している。

京都側では、現在の九条通りの辺りまで大阪湾が入りこんでいたということであった。芥川龍之介に『羅生門《らしょうもん》』という作品があり、現在でも「羅城門《らじょうもん》」という地名として残っているが、中世の時代にはこの門の南側にまで大阪湾が迫っていたのだという。

源平の時代は、この中世の大温暖期に属しており、『平家物語』に語られる一ノ谷《いちのたに》の合戦や屋島《やしま》の合戦は12世紀後半の出来事である。

屋島は、現在陸地に囲まれてしまっており、那須与一《なすのよいち》が揺れる船上の的である扇を、海中に乗り入れた馬上から弓を引いて射落とした物語など、想像するのが難しい。一ノ谷も今は広い砂州《さす》となっているが、この合戦が起こった時代には、非常に狭い砂浜であった。

また、鎌倉でも、当時は海岸が、現在の鎌倉駅から東に出て少しの所にある鶴岡《つるがおか》八幡宮の大鳥居の前まで迫っていたという。

ここでアジア大陸に目を向けると、宋から南宋へ、さらには、13世紀初頭には元が成立、モンゴル族が南宋を亡ぼし、東アジア一帯を支配した。９６０年に宋が成立した頃のアジアでは、気候の温暖化にともない、地理的環境は大きく変わり、モンゴル高原には緑の草原地帯が広がっていたはずである。

そのため、この高原地帯に住む人々の数も急激な増加を見せたと推測される。13世紀も半ばを過ぎると迫りくる気候の寒冷化を受けて、モンゴル族の南進が起こるのは当然の成り行きだった。

太陽活動に見られる中世の大活動期に対しては、その存在自体に対し疑問を呈する人たちがいる。「気候変動に関する政府間パネル（ＩＰＣＣ）」と呼ばれる、国連傘下の組織の中にも、そうした人はおり、中世が気候の大温暖期であり、現在よりも世界の平均気温は温暖であったなどと言おうものなら、即座に否定され、研究者としての地位を脅《おびや》かされるほどであった。

## 寒冷化した時代がかつてあった――「小氷河期」とは

本章の最初に述べたように、こうした中世の温暖期はじきに終息し、その後、地球の寒冷化が始まった。

13世紀半ば過ぎに、気候に異変が起こっていることが、最近の研究から明らかにされたが、それ以前の気候における大温暖期からの断絶は、当時の人々には精神的には大きな打撃だったことであろう。

中世の温暖期によって人々の生活は安定して、農業生産性の向上は、北ヨーロッパの国々に人口爆発を引き起こし、生活の場を求めて人々の東ヨーロッパへの移住が進んだ。北欧スカンディナビアに起点をもつヴァイキングがヨーロッパ各地を荒らしまわっただけでなく、アイスランド、北アメリカからグリーンランドにまで植民した。

このようなヨーロッパの拡大は、13世紀終わり頃には急速にしぼんだ。気候の寒冷化が始まったことにより、ヴァイキングによるグリーンランドへの植民は悲劇的な結末を迎えたし、東ヨーロッパへ移住した人々は飢餓状態に陥《おちい》り、西ヨーロッパに戻ってきた。小氷河期と呼ばれる時代が始まったのだ。

現在では、研究者によって異なるものの、この小氷河期は13世紀の末頃に開始し、１８５０年頃に終息したとされている。

ヨーロッパでは気候の不順が深刻化するとともに、農作物への被害が大きくなり、他方で、ペスト流行のくり返しにも人々は苦しむこととなった。このペストについては、１２８４年６月26日に「ハーメルンの笛吹き男」で知られる事件が起こっている。

この話は、ドイツの町ハーメルンに住んでいた１３０人の子どもたちが、笛吹き男に誘拐《ゆうかい》されて山中に消えてしまったというものだが、実際には子どもたちはペストの犠牲になったのだと考えられている。ハーメルンは製粉事業が盛んな町であり、この町に大量のネズミが襲来し、穀物を食い荒らしながら、ペスト菌を撒《ま》き散らし、抵抗力のない子どもたちが死んでしまったのが真相だという。

イタリアのボッカチオの作品『デカメロン』の冒頭には、ペストの流行で人々が相次いで亡くなり、シチリア島やイタリア半島南部が大打撃を受けたことが記されている。

時代が下って1664年頃から、フランスやドイツで人々を恐怖のどん底に落とし込んだペストは、イギリス本島にまで流行を広げた。

当時、ケンブリッジ大学で光学の研究に従事していたニュートン（I. Newton）が、ペストの難を逃れて、生まれ故郷のウールスソープへ避難しており、そこで万有引力の法則や力学と呼ばれる学問の基礎法則を確立したのは有名な話である。

その頃まだ子どもだったダニエル・デフォー（D. Defoe）は『ペスト年代記』と題した本を後に出版しているが、当時のロンドンの人口が半減したとの記録を残している。デフォーはむしろ『ロビンソン・クルーソー』で有名だが、ペストの大流行を扱った先の書物は、歴史の記録として非常に貴重なものである。

こうして、ヨーロッパ・アルプス以北では、中世の大温暖期を通じて増加した人口を養うだけの農作物の収穫がなく、人々は飢餓状態に陥り、ペストの犠牲となった人も多かった。

## ペストの時代に起こったルネサンスと宗教改革

こうしたペストの大流行の時代に、ヨーロッパで起きたのが、ルネサンスと宗教改革という、2つの大きな出来事だった。

中世の大温暖期を通じて豊かになっていったヨーロッパでは、輸送手段と商業活動が発達し、中東やエジプトとの交易を通じて、この方面や広くアジア、インドからの物産が流入するようになった。

当時行なわれていた十字軍運動はこうした東方貿易の拡大にも影響し、物品だけでなく、東ローマ帝国やイスラム世界に伝えられてきた古代ギリシア文化も、西ヨーロッパにもたらすこととなった。

アラビアから伝えられたギリシアの古典文化は、中世の時代に忘れられていたものをヨーロッパに復活させた。このような過程を通じて開花したのが、イタリア・ルネサンスである。

ただ、このイタリア・ルネサンスは、ギリシア古典文化から予想されるものとは違い、官能的、刹那《せつな》的なものであったように、私には見える。

それはおそらく、東方世界やアフリカとの交易を通じて異質の文明に接したヨーロッパの人々の間に、それまでの中世文化から解放されて、人間観まで変わるような一種の精神運動が生まれたからではないか。

人々のもつこうした官能的享楽《きょうらく》への傾向が、どのような理由から生まれてきたのかについては、ペストの流行による死への恐怖からの逃避が、大きく影響しているのではないかと感じられる。

いずれにせよ、こうしたルネサンスの中で、中世とは隔絶した「新しい」人間たちが、文化、商業、産業など、さまざまな分野に現われ、彼らは、新しい芸術、文学、建築を生みだしていった。

レオナルド・ダ・ヴィンチやミケランジェロ、ダンテ、ボッカチオ、ペトラルカといった強烈な個性であり、自己の可能性をあらんかぎりに発揮した人々が多く現われたのである。

こうした精神的な高揚と文化的な飛躍が、イタリアだけでなくフランスやドイツ、オランダへと飛び火し、ヨーロッパ全体へと広がった。こうした時代が、ペストという死の恐怖と隣り合わせのなかで生きる人々によって担《にな》われていたということは、非常な驚きである。

ヨーロッパ史上、このような時代は、14世紀から17世紀の終わり頃までのこの時期以外には、存在しない。

一方で、やはりこのような生きることがつらく苦しかった時代に、人々が心から求めたものは、神への信仰と救いであっただろう。

ペストという死の恐怖から逃れるために、人々は死後の魂の救済を求めていた。神への帰依《きえ》は偶像を求めることではなく、個々人の心、言い換えれば自己の魂の救済に関わっていた。

こうして、人々は神と一対一で向かい合わなければならなかったのである。死への恐怖を通じて、人間は神の前では平等であり、信仰の面では自由であることを学びとったのだ。

こうしたことが、アルプス以北のドイツやフランスで宗教改革が起こった理由であると、私は考える。

この時期の気候の寒冷化は、全体としてみれば、ヨーロッパ大陸における商業・経済活動の停滞を招いた。

しかし、他方で、こうしたアルプス以北の国々で近代化への道が拓《ひら》かれたのは、宗教改革、すなわちプロテスタンティズムの成立が大きな役割を果たした。

プロテスタンティズムが要請する禁欲的な生き方は、イタリア・ルネサンスに生きた人々とは、異質な人間を生みだした。オランダのプロテスタントや、イギリスのピューリタンのなかからは、新しい農業や工業が生まれ、貿易が広がっていった。

マックス・ウェーバーが指摘したように、このようなプロテスタンティズムの発達が、近代資本主義への道を切り開いていったのである。

## 夏が来なかった時代

14世紀以降は、気候の寒冷化が進み、雨の多い冷夏に見舞われた。19世紀に入っても気候不順は続き、１８１０年から１８１９年にかけての10年間は、イギリスでは１６９０年代以来最も寒い時代であった。

ロンドンでは、テームズ河が夏でも凍ったり、冬には厚い氷が張り、その上で氷上パーティが開かれたりした。オランダでは、冬には国内に張りめぐらされた運河が凍結、物資が運べず食料ほか日用品にも事欠く有様であった。

このマウンダー極小期に画家として絵画史に残る名作を描いたレンブラントやフェルメールの絵を見て気づくことは、描かれた人たちがすべて厚着をしていることである。また、大抵の場合、背景が暗く、空は雲に覆われ灰色をしている。フランドル派のアーフェルカンプは、オランダの運河が凍って、人々がスケートをしている姿を描いている。こうした絵を眺めるだけでも、当時の気候の悪さが想像できるほどである。

１７８９年のバスティーユ監獄襲撃に端を発したフランス革命が起こった時期も、まさにこうした寒冷化の時代の真っ只中であった。フランス革命と気候の寒冷化との関わりについて、詳しくお知りになりたい方は拙著『夏が来なかった時代』（吉川弘文館）をお読みいただきたい。

1816年は1年を通じて特に寒く、ヨーロッパや北アメリカでは「夏がない年」といわれるほどであった。

一方、我が国でも、15世紀半ば過ぎの応仁《おうにん》の乱の前後にも、飢えた人々による一揆が頻繁に起きている。応仁の乱では、京都の町中いたるところに死体が置き去りにされ、極めて悪い衛生状態であったという。この時代は、ちょうどシュペーラー極小期の真っ只中であった。

マウンダー極小期の時代は、日本は徳川家光《いえみつ》、家綱《いえつな》、綱吉《つなよし》の三代による治世の時代であった。我が国にも気候寒冷化の影響は大きく、一般庶民は、農作物の不作により飢餓に苦しんだ。

また、この時代を通じて、当時の京都では、桜の開花日が現在の平均的な開花日にくらべて1週間から2週間と、かなり遅れていた。先に「マウンダー極小期」という名は、アメリカのエディによってつけられたと述べたが、彼はこの桜の開花日の遅れを、気候の寒冷化の傍証に使用したのである。

元《げん》の大軍が九州に攻めてきて起こした文永《ぶんえい》の役《えき》（1274年）、次いで弘安《こうあん》の役（1281年）の2つは、地球がすでに小氷河期に入っていた時代に起きた。

これは歴史資料に当たったわけではなく想像なのだが、モンゴル平原は当時寒冷化した不順な気候条件下にあり、国王クビライはその影響もあって日本占領を構想したのではないだろうか。

このように太陽活動の長期的な変動は、気候の変動をもたらし、人々の生活にまで大きな影響を及ぼしたのであった。

## 科学革命の時代

不思議に感じられるのは、こんな厳しい気候の寒冷期に、科学研究の上では天才の世紀といわれるように、ニュートン、デカルト、ホイヘンス、パスカルほか多くの天才と呼ばれる人が現われ、近代科学とその研究方法について革命的な流れを作りだしたことである。

彼らによって、科学という学問が創造され進歩していく端緒が開かれたことから、この17世紀を〝第1の科学革命の時代〟と呼んでいる。

ちなみに、現代物理学が創造され、自然研究の様相が大きく変わった20世紀が〝第二の科学革命の時代〟と呼ばれるのである。

また、本書において話題の中心となる太陽黒点が発見されたのも、この時期であった。

ガリレオは1613年に、通称『太陽黒点論』と呼ばれる、『太陽黒点とその諸現象に関する歴史と証明』を著した。この本は、太陽面上に現われる黒点群の発見とその先取権をめぐって起きた事件について書かれた3通の手紙をまとめたものである。

太陽黒点を発見したのが誰であるかについては、断定することはできないが、当時天文学を研究していたハリオット、シャイナー、ファブリチウスの3人とガリレオが、同じ頃にそれぞれ独自に発見したというのが真相であると考えられる。

この本に入れられた2番目の手紙には、1612年6月2日から7月8日にかけて、6月4日と30日を除いたすべての日に対し、黒点のスケッチがつけられている。

このスケッチには、黒点や黒点群が日が経つにつれて太陽面上を移動していく様子、また形状が変化していく様子が克明に記されている（図４）。

これらのスケッチから、黒点は太陽面上に発生するものであること、そして、時間の経過にともなって太陽面上を移動していることが見てとれる。

この移動を解析することにより、ガリレオは、太陽が自転しており、その周期が約30日であると推論している。

ガリレオが生きていた時代にも、寒冷化していく気候の徴候がすでに見られる。１６１５年に異端審問のためにローマに召喚されたガリレオは、延期の申し入れのために、気候悪化にともなうペストの流行を口実にしている。

実は私は、１９８０年に、「ガリレオの時代における太陽活動」（The Solar Activity in the Time of Galileo）と題した論文を、イギリスで出版されている天文学史に関する専門誌に発表した。

この論文では、マウンダー極小期の少し前に当たる１６１２年半ばにおける太陽活動と太陽の自転パターンについて、ガリレオによる太陽黒点の観測記録を解析した結果を示した。

この研究をきっかけとして、太陽活動と太陽の自転パターンとの間に、ある種の因果関係が存在し、この関係が気候変動にも影響することなどの研究にまで広がっていったのである。

## 図4　ガリレオの黒点スケッチ

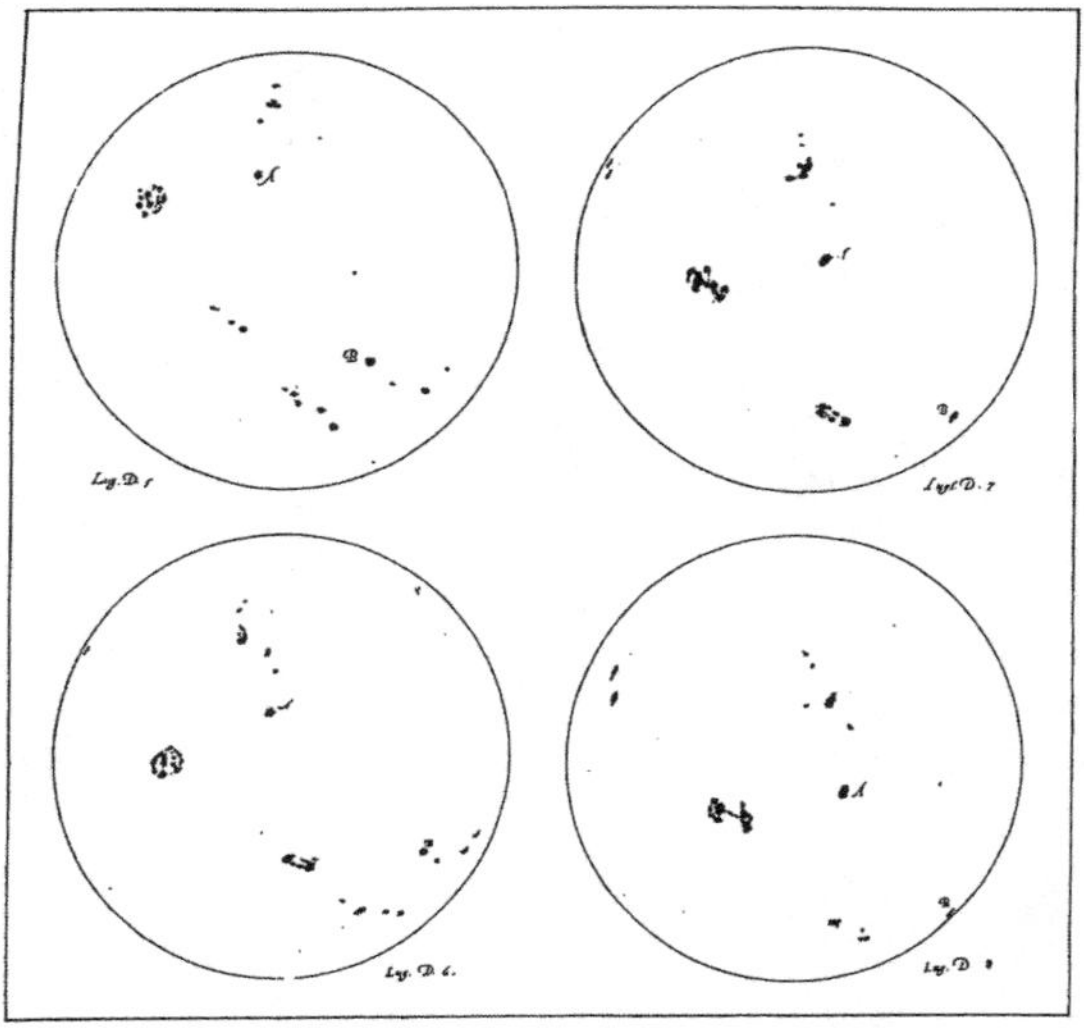

1612年7月5日から8日にわたる4日間に観測された黒点。黒点についての第二の手紙に記載されている。

# 第２章
# 太陽活動と地球気候との関わり

## 太陽活動の周期性

プロローグでも述べたが、研究者などの間ではここ数年、太陽活動が休眠期に入ってしまったのではないかとか、太陽活動が異常に静かなので、地球が寒冷化に向かうのではないかという話が聞かれる。

地球環境の形成には、太陽から不断に降り注ぐ光エネルギーが大きく関わっている。そして太陽活動とこの光エネルギーの放射量との間には、何らかの因果関係があるに違いないと考えるのは自然であろう。

だが、こうした予想について正しく理解するためには、太陽活動の本質は何なのか、この本質について知るにはどうしたらよいか、さらには、太陽活動の変動と地球環境、特に気候の変動との間にはどのような関係があるのかについて、私たちは知らなければならない。

こうした理解を通じて、これまで述べてきたマウンダー極小期と呼ばれる無黒点期が、なぜ因果的に気候の寒冷化した時代であったかが、初めて明らかにできる。

このような視点に立って、ここではまず、太陽活動の本質は一体何なのか、その表わし方にはどのような考慮がなされているのかについてふれることにしたい。

まず、ここ数年、本当に太陽活動が低下しているといえるのかどうかについて調べてみるために、先ほどふれた太陽活動の指標が、最近の過去50年間にどのような変動を示したかを図にしてみた（図５）。

後に説明するように、この指標としては「相対黒点数（Relative Sunspot Number）」と呼ばれる数値が現在用いられている。図は、この指標の各年の平均値をプロット（点で示）したものである。

この図５を眺めてすぐ気がつくのは、相対黒点数の年平均値は、11年くらいの間隔で、周期的に増減をくり返していることである。

このくり返しは、「太陽活動周期（または、サイクル）」と呼ばれており、そのサイクルごとに、１、２、３……と順に番号がつけられている。１７５５年に始まった周期を、サイクル１としている。

この周期は大体において11年ほどの間隔なのだが、細かく見ると、10年、11年、12

## 図5　過去50年間の太陽活動の変化

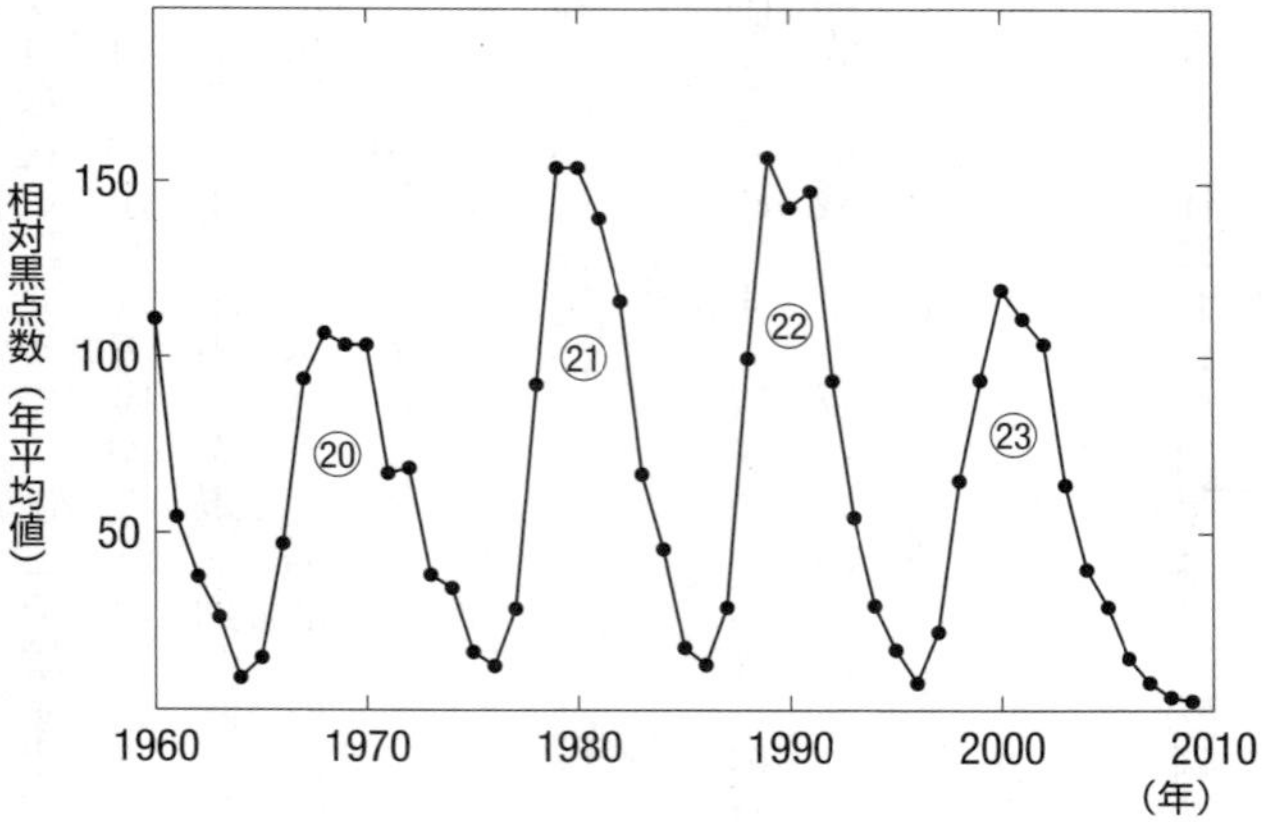


1960年から2009年までの太陽活動を表わす相対黒点数の変化。相対黒点数は周期的増減をくり返していることがわかる。グラフの丸囲みの数字は太陽活動周期（サイクル）の番号を表わす。

## 図6　減りつづける相対黒点数（サイクル23）

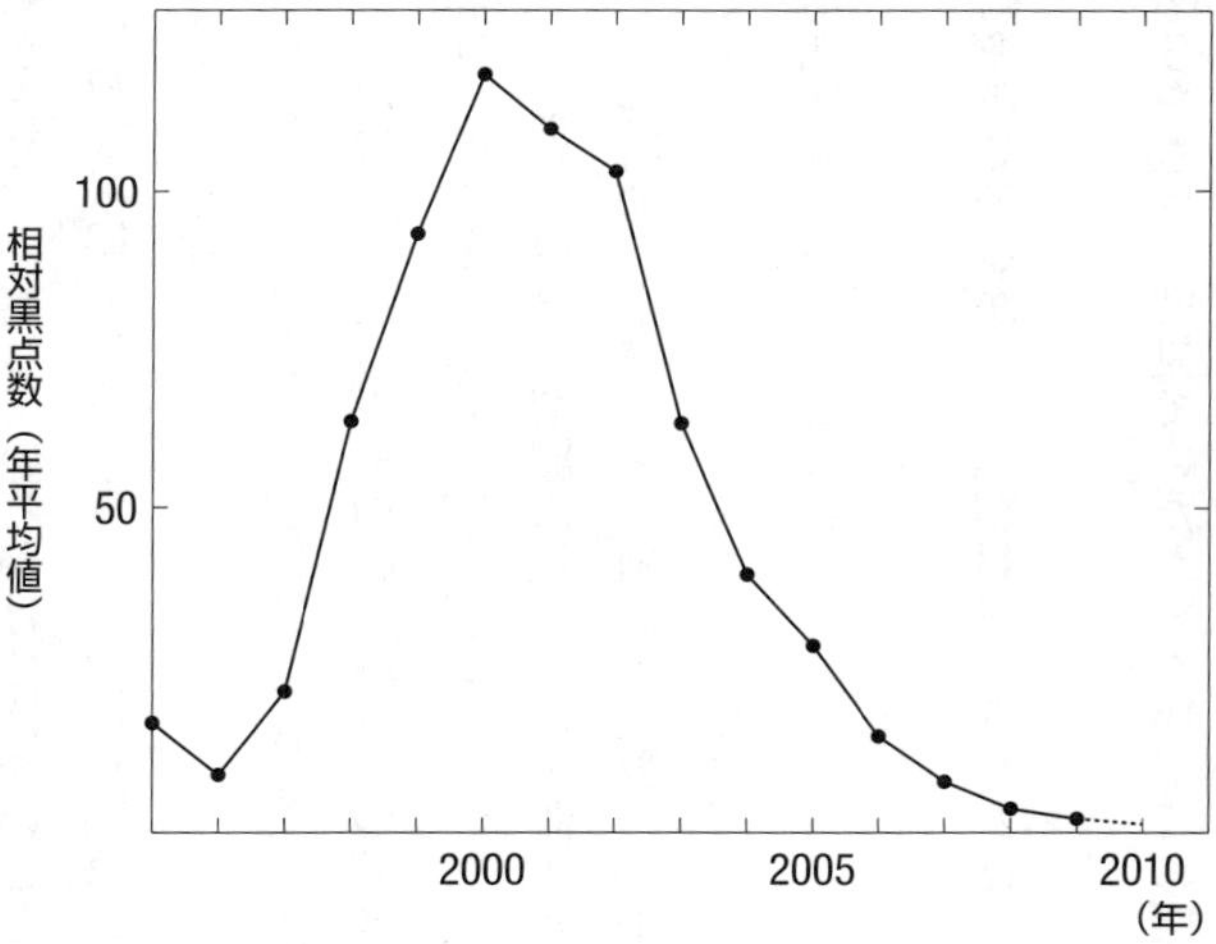


1996年に開始した太陽活動周期（サイクル）23における太陽活動の変化。極大値を迎えた2000年以降、相対黒点数は減少しつづけており、サイクル23は平均周期である11年より長くなっている。

年と変動があり、一定しているわけではないことがわかる。最も新しい太陽活動周期（サイクル）23は、13年経っても、この相対黒点数がまだ減少しつづけているように見える（2010年現在）。

太陽活動周期（サイクル）23だけをとりあげて図を作ってみると（図6）、2009年までは、相対黒点数の年平均値が減少しつづけていたことが明らかである。

この周期（サイクル）より以前のグラフから見て、2007年頃にこの値が最も小さくなっており、以後は増加に転じると予測されたにもかかわらず、図6からわかるように、太陽活動の指標である相対黒点数の年平均値はずっと減少傾向を保持したままなのである。2010年に入ってからの、月々の相対黒点数の平均値にも、はっきりした増加傾向は見えてこない。

## 太陽活動を何で測るか——「相対黒点数」とは

先の図5をもう一度見ていただきたい。この図では、太陽活動の活発さを表わす指標として、「相対黒点数」と呼ばれる数値が用いられている。

図の縦軸はこの数を示しており、一見して、ある周期でこの数が時間とともに増減をくり返していることが明らかである。このくり返しの周期は、平均するとほぼ11年で、これが太陽活動周期（サイクル）と呼ばれているのであった。

では、この図に示されている相対黒点数は、どのようにして決められたのだろうか。

太陽面を観察していると、黒点や黒点群の数が日々変わっていくのがわかる。黒点にも黒点群にも、発生、成長、そして増減という時間的な発展があり、これらの数も時間とともに変化していく。

ある日における、太陽面に観察された黒点の総数と、これらの黒点がいくつか集まって群を作っている数とを調べる。１個孤立している黒点も１つの群として数える。その上で、黒点群の数を10倍し、この数と個々の黒点の総数とを加え合わせたものが、相対黒点数である。

この数は、世界各地にある天文台で観測により求められているが、望遠鏡の性能や地理的環境の条件などにより異なるので、総合的には、スイスのチューリヒ天文台で、世界各地から寄せられる相対黒点数の報告を基《もと》に決められている。このようにして決められた相対黒点数を私たちは太陽活動の指標として用いているのである。

図5に示したのは、この相対黒点数の年平均値、すなわち1年間を通じて日々観測された相対黒点数の総和の年平均を求めたものである。

図5において、それぞれの太陽活動周期（サイクル）に番号がつけられているが、この数は、18世紀初めから太陽観測が継続してなされるようになり、相対黒点数に見られるこうした周期性の存在が明らかとなってつけられた番号なのである。

また、各太陽活動周期（サイクル）について、その年平均値をすべて加えた数を、各太陽活動周期（サイクル）に対する「総相対黒点数」または「全相対黒点数」として、今後必要に応じて利用する場合があるので、記憶にとどめておいていただきたい。

## 太陽活動の長期変動を知る手立て

太陽面に観測される黒点や黒点群について、連続して相対黒点数が求められるようになったのは１７５０年前後からである。１７５５年に始まり、１７６２年に年平均相対黒点数が極大に達した太陽活動周期（サイクル）を1番とした。

２０００年に年平均相対黒点数が最も大きくなった太陽活動周期（サイクル）が、それから数えて23番というわけである。したがって、これから始まると予想される太陽活動周期（サイクル）が24番目ということになる。

現在では、１６００年にまでさかのぼって、年平均相対黒点数の経年変化が明らかにされているが、17世紀中は限られた観測結果しかないので、年平均相対黒点数の推測に当たっては、十分な正確さを期待するのは難しい。

だが、前出のエディほかの研究者たちの努力により、歴史文書などに記載された黒点に関する資料から図7に示すような結果が得られている。

この図の結果を見て気づくことは、17世紀の半ばから18世紀初めにかけての70年ほどの間には、太陽活動が非常に弱くなっていた、言い換えれば、黒点や黒点群がほとんど発生しなかったということである。このような結果から、エディたちはこの70年ほどの期間を「無黒点期」と名づけたのであった。

この「マウンダー極小期」と呼ばれるようになった時代には、同時に太陽の自転速度が加速され速かったことは、プロローグでも指摘したとおりである。

１８７０年頃以降の各太陽活動周期（サイクル）当たりの総年平均相対黒点数について、周期12から22（２０００年頃）までに、どのように変化したかを見ると、図８に示すように、周期19までは増加しつづけ、それ以後の周期では太陽活動の活発さはほぼ同じ状態に維持されていたことがわかる。

この同じ期間に、太陽の自転の速さがどうなっていたかというと、同じく図８に示すように、１８８０年頃から２０００年の終わりまで、減速しつづけてきていたことがわかる。太陽の自転速度と、太陽活動の活発さの指標である各太陽活動周期における総相対黒点数との間には、逆相関の関係があることが、図９に示すように明らかである。

## 図7　1600年頃からの太陽黒点数の推移

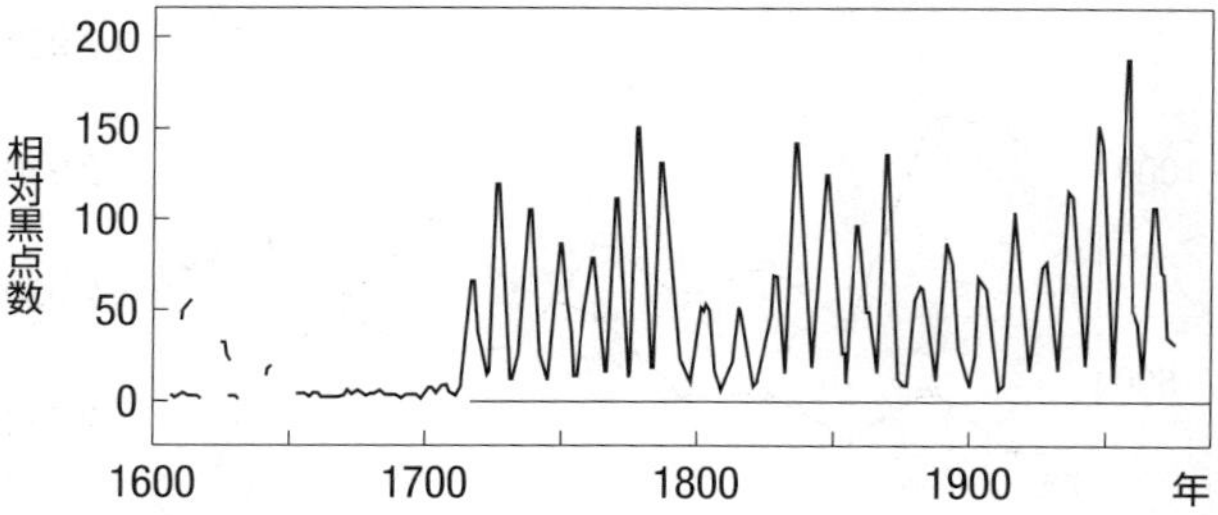


17世紀半ばから18世紀初めにかけては、太陽活動が非常に弱く、ほとんど黒点の発生しない「無黒点期」であったと考えられている。18世紀初め頃から以降は、約11年の周期で変動してきている。

## 図8　太陽活動と太陽の自転速度の推移

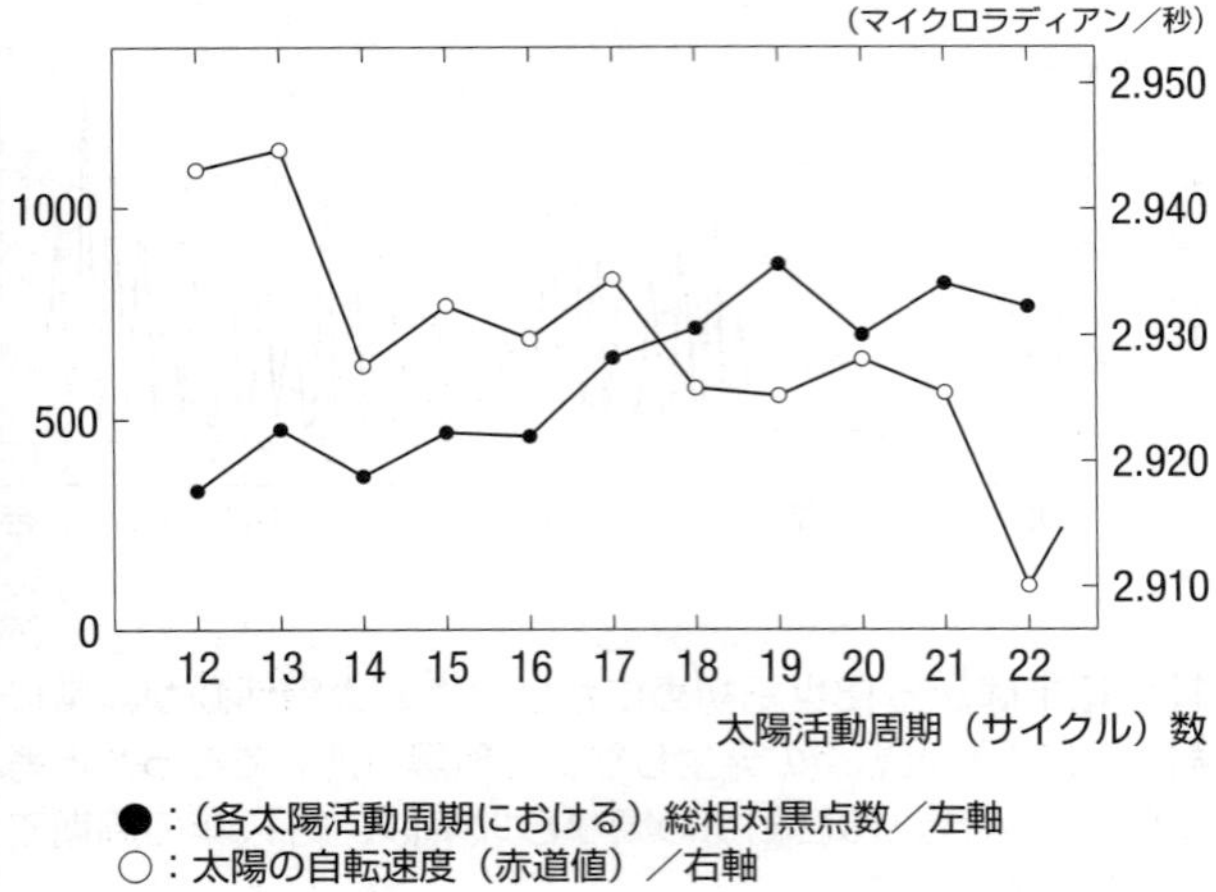


太陽活動周期（サイクル）12（1878年開始）以降、サイクル22までの総相対黒点数と太陽の自転速度との関係。太陽活動が増大するにしたがって、自転速度は減速している。

## 図9　太陽活動と太陽の自転速度との相関関係

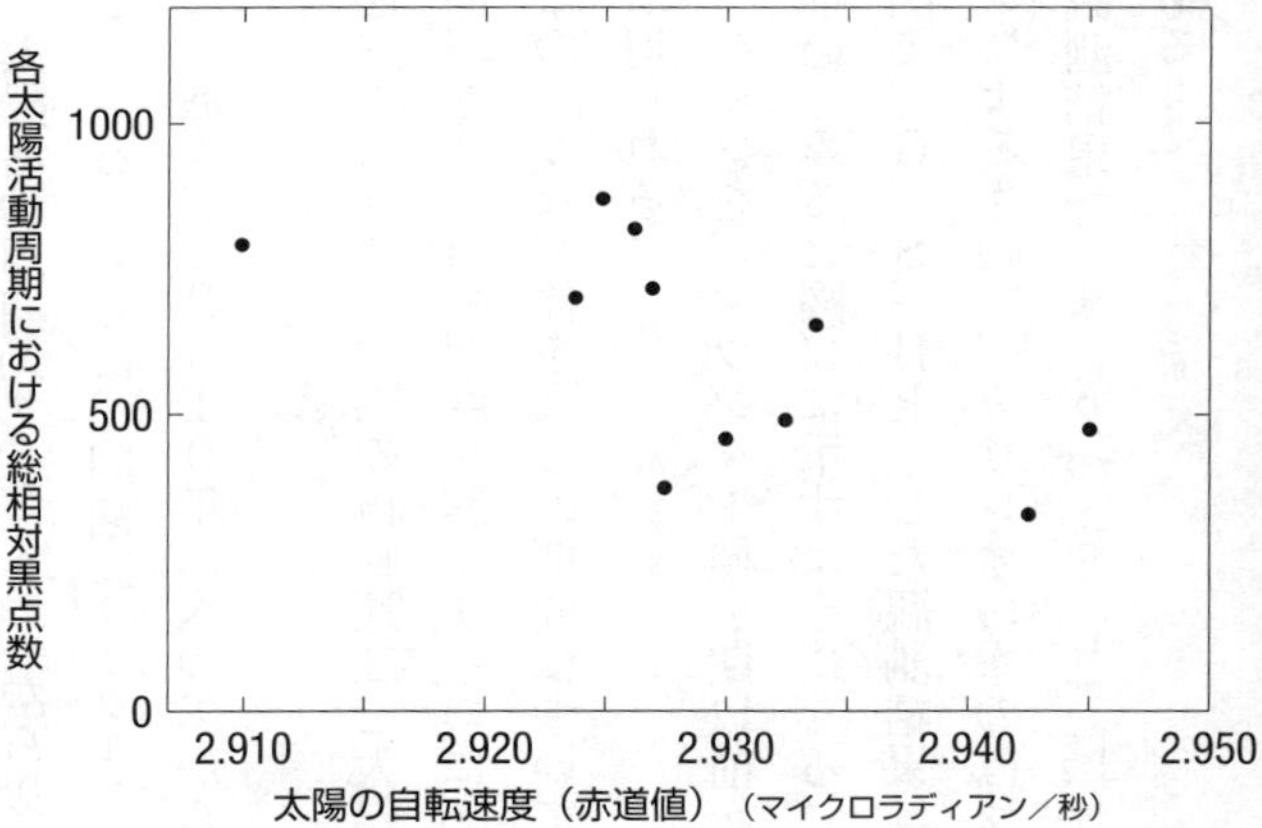


各サイクルにおける総相対黒点数と太陽の自転速度をプロットしたもの。太陽活動と自転速度は逆相関の関係にあることがわかる。

一方、太陽活動周期（サイクル）20から以降、ごく最近に至るまで、この指標はほぼ停滞している。さらに、周期（サイクル）23から、次の周期（サイクル）24への移行がほとんど進まず、２０１０年に入ってからも太陽活動は極端に衰退した状態のままである。

前に述べたように、太陽の自転速度と太陽活動の活発さとの間には、逆相関ともいえる関係がある。自転速度が遅くなるのに応じて、太陽活動が活発になっていくのである。このような関係を図８の期間について図示してみると、例えば図10に示すような結果が得られる。

同様のグラフを、マウンダー極小期以前から、この極小期の間における観測結果について描いてみると図11に示すようになる。

この図で、G、S、Hと示した観測結果は、それぞれガリレオ、シャイナー、ヘヴェリウスによるもので、ガリレオのものはマウンダー極小期に突入する以前の１６１2年の観測結果で、あと2つ（S、H）は、この極小期に入る直前の黒点観測によるものである。

図を見ると、マウンダー極小期に近づくにつれて、太陽の自転速度が加速されていることがわかる。

このように、太陽の自転速度が相対的に遅いほうが太陽活動が活発になるという関係があるため、これから始まるサイクル24における太陽活動の活発さについて予測するには、現在、太陽の自転速度がどのように推移しているかが、重要なカギを握っている。

すでに、２００３年にはこの自転速度が加速に転じているので、太陽活動の低下が必然的に予測されることになる。

現在（２０１０年夏）の太陽活動を見ると、２月半ば過ぎに活発さが増大する傾向を示すだろうとの研究報告もあるが、その傾向は極めて弱い。したがって、今後太陽活動の活発さが、数年の間にサイクル22までに見られたような状態にまで達するかどうかについては、予断を許さないというのが、妥当なところであろう。

今後も太陽活動が活発化しないまま推移すると、前にふれた「マウンダー極小期」に見られたのと類似の事態が招来する可能性がある。これが本書で探る主題である。

## 図10　極大相対黒点数と太陽の自転速度の関係

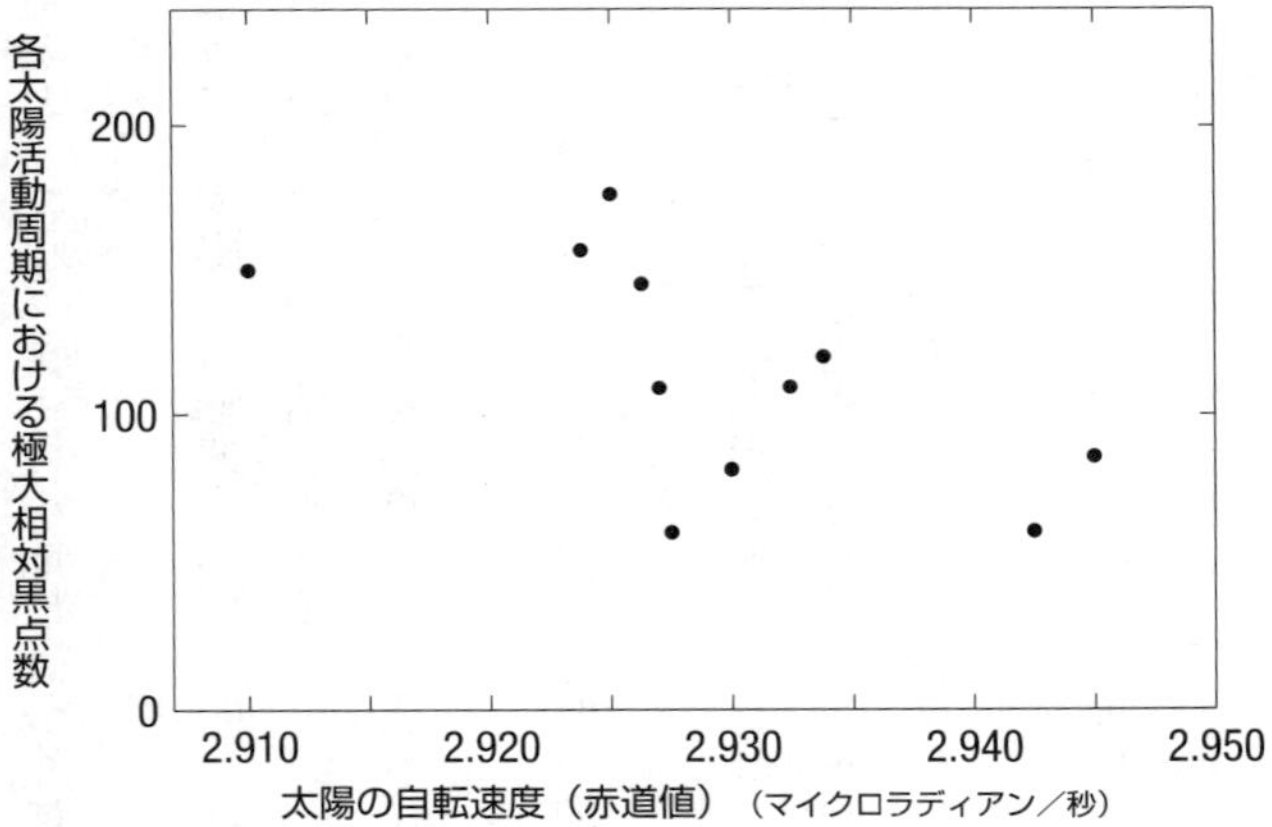


各サイクルにおける極大相対黒点数と太陽の自転速度をプロットしたもの。当然のことだが、図9とよく似た結果となり、2つの値は逆相関関係にあることがわかる。

## 図11　マウンダー極小期までの太陽活動と自転速度

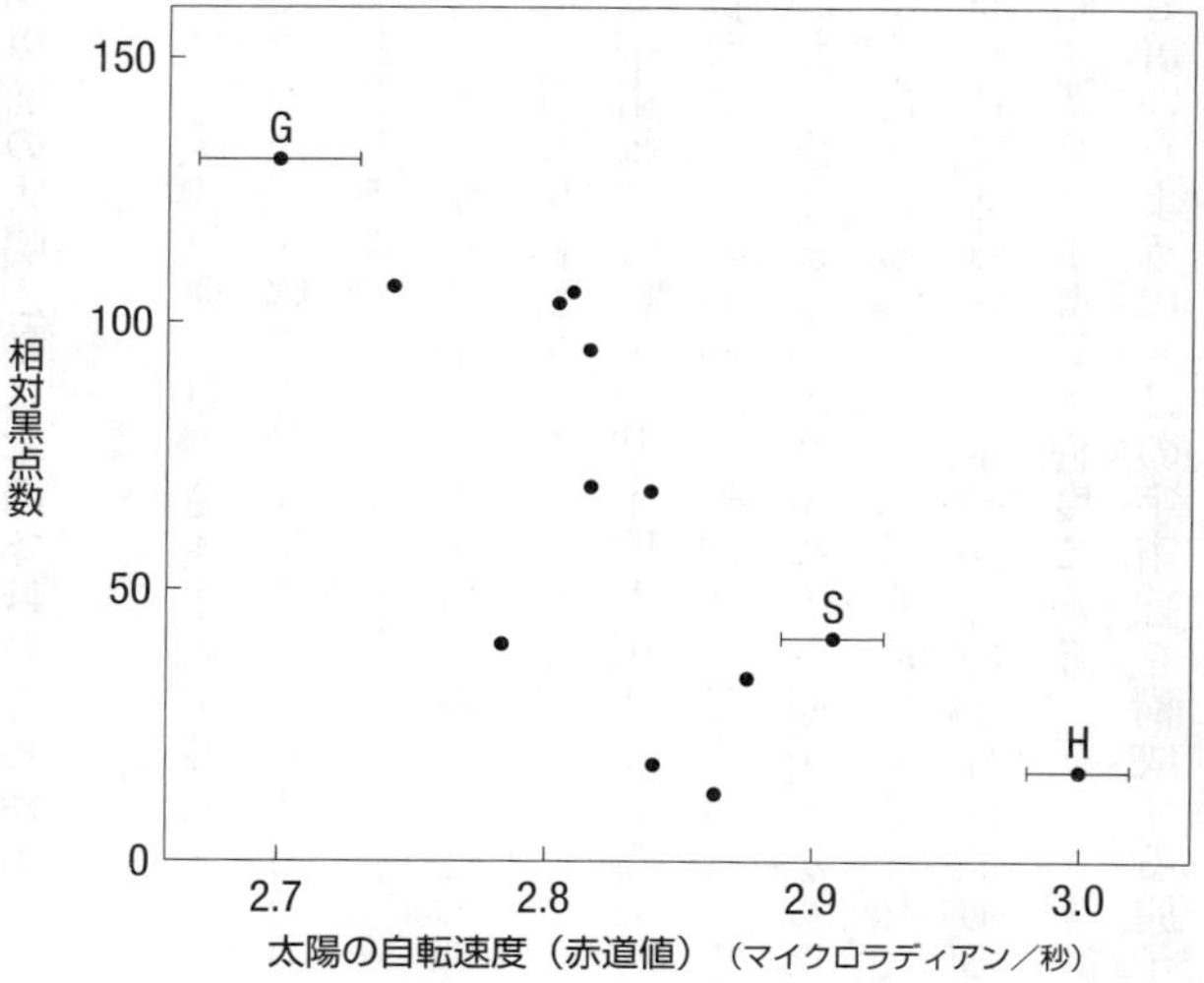


［アルファベットはそれぞれ、
G：ガリレオ　S：シャイナー　H：ヘヴェリウス
による観測結果であることを示す。］

マウンダー極小期以前からこの極小期の間における、相対黒点数と太陽の自転速度をプロットしたもの。G（ガリレオ）はマウンダー極小期より以前の測定値、S（シャイナー）、H（ヘヴェリウス）はマウンダー極小期直前の測定値である。

マウンダー極小値に近いほど、自転速度が速くなっていることがわかる。

## 黒点観測以前の太陽活動は木の年輪からわかる

これまで、太陽活動の活発さを表わす指標として相対黒点数が用いられていることを述べてきたが、太陽黒点数が推定できる1600年頃より以前の太陽活動を調べる手段はあるだろうか。

それを可能にするのが、木の年輪である。その理由は、木の年輪と地球に届く宇宙線の量とが深く関係していることにある。

ここで宇宙線について、基本的な説明をしておこう。

宇宙線とは、その名称から想像されるような、電磁波のような放射線ではなく、電荷をもったさまざまな高エネルギーの原子核からなる。

最も多く含まれるのは、いちばん簡単な原子核である陽子で、次いで多いのはヘリウムの原子核であるが、陽子の10分の1程度である。ヘリウムより重い原子核の存在量は、わずか2パーセント程度である。

先にも書いたように、この宇宙線を構成する原子核は、天の川銀河のどこかで作られると考えられているが、現在でもその起源には疑問が残されたままである。

太陽に比べて何倍も重い星が、その一生の最期に起こす大爆発を「超新星爆発」と呼ぶが、この爆発にともなって急速に膨張《ぼうちょう》する星の大気の中で、宇宙線は加速されるものと考えられている。

この大気中に存在する磁気が、電荷をもった原子核の加速に働くと想定されているのである。

このような超新星爆発の最近のものとしては、１９８７年2月23日に、大マジェラン雲中で発生したものがある。

この爆発によって生成されたニュートリノという粒子が地球にまで飛来し、岐阜県神岡《かみおか》にあるスーパー・カミオカンデと呼ばれるニュートリノ検出装置によって捉えられ、小柴昌俊《こしばまさとし》博士がノーベル物理学賞を受賞したことはよく知られている。

宇宙線は、天の川銀河内に広がる星間物質や磁気と作用しあいながら、銀河内の空間へ広がっていく。そうした宇宙線の一部は、太陽系空間に届き、後に説明する「太陽風」の中の磁気の影響を受けながらも、地球の大気中へたどりつく。

地球の大気中へ侵入した宇宙線粒子は、大気の成分である窒素や酸素の原子や分子と激しく衝突して破砕し、大量の陽子や中性子を作りだす。さらに、陽子や中性子を結合させて原子核を作りだす作用をするパイオン（パイ中間子）と呼ばれる粒子も作りだす。

作りだされた中性子の一部は、窒素原子に吸収されるが、その際に陽子を1個放出し、窒素原子は放射性炭素（$^{14}C$）に変換される（図12）。

この放射性炭素（$^{14}C$）が酸素と結合して作られた炭酸ガスが、木々の葉の炭素同化作用を通じて、木の年輪の中に蓄積されるのである。

宇宙線の地球への到来数（宇宙線強度という）は、毎日変動している。太陽活動が活発になると、到来数は少なくなるのである。

この木の年輪の中に含まれる放射性炭素（$^{14}C$）の量を調べることによって、間接的にではあるが、現在では過去1万年にさかのぼって、地球に飛来した宇宙線の量を調べることができる。

余談ではあるが、宇宙線は、地球に近づくと地球の磁気の作用によってその運動の

## 図12　宇宙線によって放射性炭素が生まれるしくみ

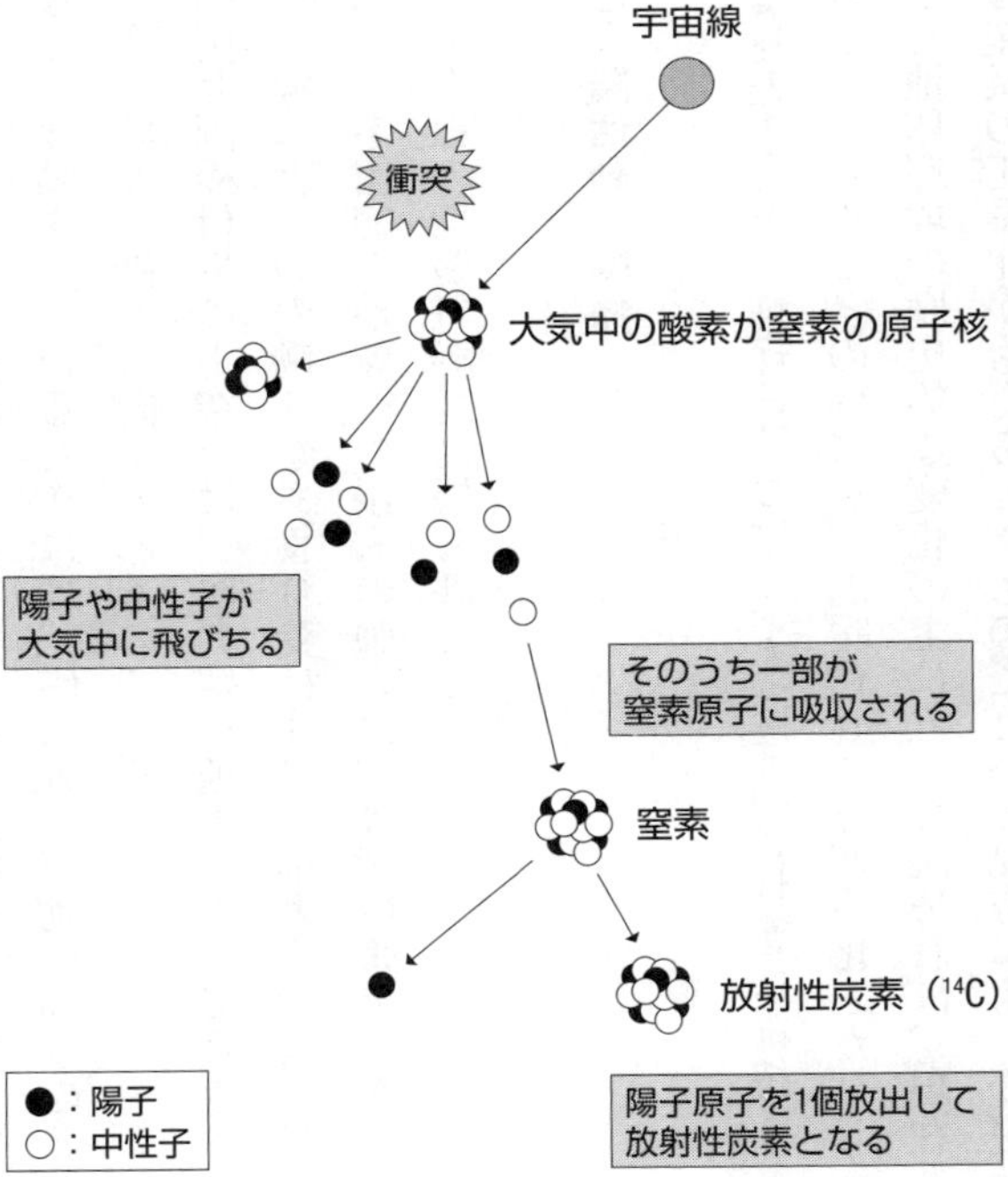

方向が変えられる。磁力線に沿った方向では運動を変える力は働かないのだが、ある角度をなして運動をしているときには、磁力線と運動の向きの2つに垂直の方向に力が働き、宇宙線の運動の方向が変わるのである。

地球の南北両極付近の上空では、磁力線が地表に対して垂直の向きに近いので、宇宙線は磁力線による力の働きをあまり受けずに、地表まで入ってくることができる。その結果、宇宙線の地球への侵入の強さは、高緯度帯で大きくなる傾向がある。このことを宇宙線の地磁気緯度効果と呼んでいる。

## 極小期と太陽活動の関係

前章で見たように、地球環境はいつもほぼ同じ状態に維持されてきたわけではない。最近1000年ほどの間にも、温暖化したり寒冷化したりした時代があった。

こうした地球環境の歴史的な変化の上に立って眺めれば、現在進行している気候の温暖化は産業の工業化がもたらしたものだという見方にも、変更の余地が生まれるのではないだろうか。

気候変動の原因究明に当たり、太陽が地球環境の維持にとって最も重要であることは、どのような立場であっても否定することはできないはずだからである。

ここでは、「小氷河期（Little Ice Age）」の成因を、太陽活動の変動性との関わりに注目しながら考えてみることにする。

小氷河期の中でも特に寒い時期であった、17世紀半ばから約70年にわたるマウンダー極小期の期間は、太陽活動が極端に衰退していた、いわゆる無黒点期であった。しかし、当時はまだ、太陽活動の衰退が地球の寒冷化を引き起こす原因と、因果的に関わっていることは知られていなかった。

すでに見たように、太陽活動の活発さは、惑星間空間に向かって太陽の周囲に広がる磁場の強さを決める。宇宙線と呼ばれる高エネルギー粒子群は、ほとんどすべてが完全にイオン化されているので、この磁場により運動の方向が大きく変えられてしまい、磁場の強さが増加すると、地球大気中への侵入量が減少していく。

ところが、マウンダー極小期のような無黒点期には、この磁場の強さが極端に弱くなっているので、宇宙線は惑星間空間の奥深くまで、かなり自由に入ってこられる。そのため、宇宙線の地球大気中への侵入量も大きく増加する。

その結果、大気中における放射性炭素（$^{14}C$）の生成率は増加する。図13に示した結果は、この放射性炭素の生成率が、時とともにどのように変わってきたかについてのものであり、マウンダー極小期における太陽活動が特に激しく衰退していたことを示している。

このマウンダー極小期は、太陽活動の極端な衰退から導かれているように見かけ上は見える。そのため、太陽面上に形成される黒点や黒点群が、気候の寒冷化を直接引き起こしたのだと結論する人がいるかもしれない。

太陽面上に形成される黒点や黒点群には、強い磁場がともなっているので、後に示すように、惑星間空間に広がる磁場の存在と何らかの因果的なつながりがあるものと推測される。

先ほど、太陽活動が極端に衰退すると、地球大気中へと侵入してくる宇宙線の量が増加するので、放射性炭素（$^{14}C$）の生成率が上がると説明した。

## 図13　放射性炭素の生成率からみた極小期

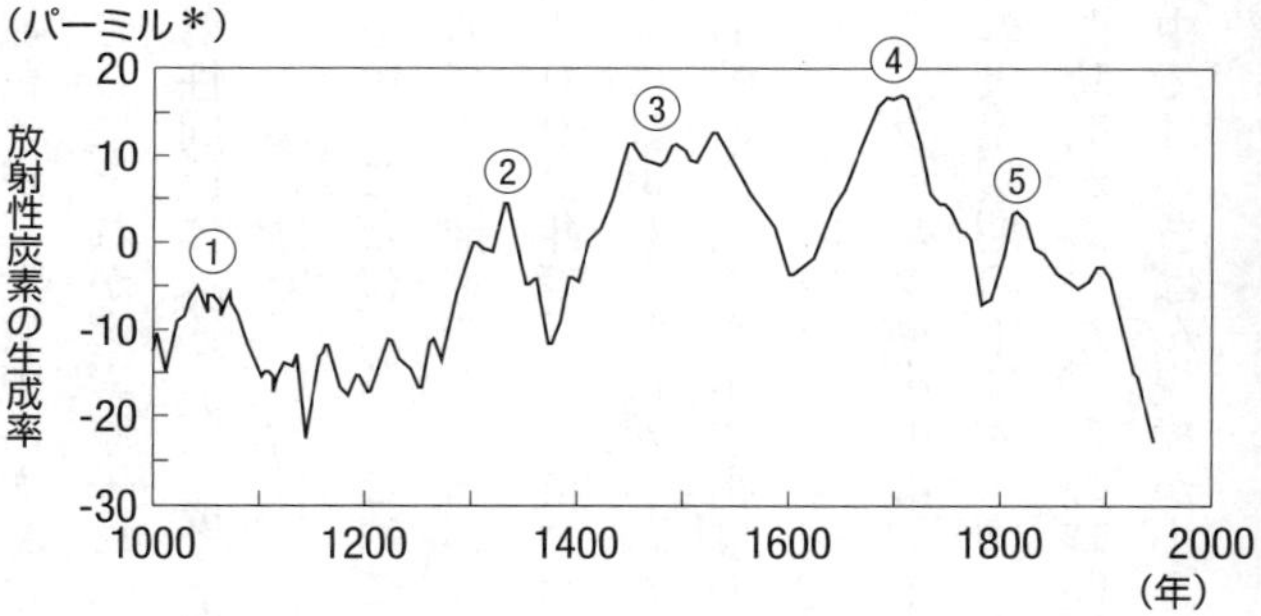


＊パーミルは1000分の1を基準とする単位

①：オールト極小期
②：ウォルフ極小期
③：シュペーラー極小期
④：マウンダー極小期
⑤：ドールトン極小期

過去1000年における太陽活動の変化を放射性炭素の生成率で表わしたもの。生成率が増加している時期、すなわち太陽活動が低下した時期が各極小期に当たっている。

宇宙線粒子が、大気中にある窒素か酸素と衝突して破壊されると、中性子が作りだされ、さらにそれが窒素原子に取り込まれる。その際に、陽子が1個放り出され、炭素の放射性同位体（$^{14}C$）が生成される。

このようなわけで、放射性炭素の生成率は、大気中へ侵入してくる宇宙線の量に比例するということになる。このことは、放射性炭素の生成率を測ることにより、太陽活動の活発さが推定できるということである。

過去1000年ほどの期間には、このようにマウンダー極小期のほかにも、太陽活動の極端に衰退した時代があった。

太陽活動の活発さを示す指標の大きさが、最近の過去1000年ほどの間にどのように推移したかについては、図13に示すように、5つの極小期が存在したことがわかっている。ウォルフ極小期は、そのうちのひとつである。

中世の大温暖期の中にも、図13を見るとわかるように、一時期、太陽活動が衰え、停滞した時期があった。この時期は「オールト極小期」と呼ばれているが、5つの極小期の中ではいちばん規模が小さく、気候には目立った寒冷化の徴候は見られなかった。

したがって、図13に示した結果は、この生成率の大きい時代が、実は太陽活動の活発さが弱まった時代なのだということを示している。

それゆえ、この放射性炭素（$^{14}C$）の生成率が大きかったマウンダー、シュペーラー、ウォルフ、ドールトン、オールトの各極小期は、相対的に太陽活動が大きく衰退した時代であったことがわかるのである。

また、図13を見ると、「極小期」という名前は冠せられてはいないものの、19世紀終わり頃から20世紀初めの20年ほどにわたる期間も、63ページ図7から推測されるように、太陽活動の衰退期であった。

この衰退期は、我が国でも気候の寒冷期で、東北地方や北海道は冷害に見舞われており、生きるのが大変につらい時代であった。

ヨーロッパでも同様の寒冷期であり、第一次大戦の原因にもこの寒冷化が多少の関わりがあるという主張もなされていることについて、私たちは真剣に耳を傾けてもよいのではないだろうか。

図13に示したいくつかの極小期と1900年前後からの20年ほどにわたる寒冷期を眺めてみると、おおよそ100年前後の時間差で、これらの気候寒冷期が地球を襲っていることがわかる。

これがある種の周期性をもつ出来事だとしたら、現在進みつつある、太陽活動の衰退傾向は、起こるべくして起こりつつある事態だということになる。

それらを明らかにするためには、太陽活動の今後の動向とその地球環境への影響のメカニズムを正確に捉える必要がある。

## 太陽活動の変動と地球の気候にはどのような関係があるか

1878年（太陽活動周期12が開始した年）以降、2003年までの太陽活動の活発さについては各周期（サイクル）の総相対黒点数の推移から、その動向を知ることができる。

先の図8（64ページ）に示したように、太陽活動の指標である総相対黒点数は、1

９６０年頃まで増加の一途をたどっていた。それ以後、停滞しているように見えるが、総相対黒点数は７００前後を維持している。

この結果と同じ時期に対する世界の気温平年差とを時間経過に対しプロットしてみると、図14に示すようになる。これを見ると、１９６０年以降、太陽活動のほうは停滞しているのに、気温は上昇傾向をずっと維持していたことがわかる。

今、気温平年差という言い方をしたが、これは、世界の気温について１９７１年から２０００年までの30年間の平均値をとり、そこからの差を示すものである。

さらに、太陽活動の活発さと気温平年差の両者の間の関係がどのようになっているかについて、この図14から求めてみると、図15のグラフが得られる。この図を眺めてみると、太陽活動の活発さが、世界の気温変動を左右しているかのように感じられるかもしれない。

だが、太陽活動の活発さに対する指標が、相対黒点数から導かれていることからわかるように、因果的に関わっているのは太陽の黒点および黒点群の数であって、大気の温暖化を引き起こすもの（例えば太陽からの放射エネルギー量など）ではない。

## 図14　太陽活動と平均気温の変化

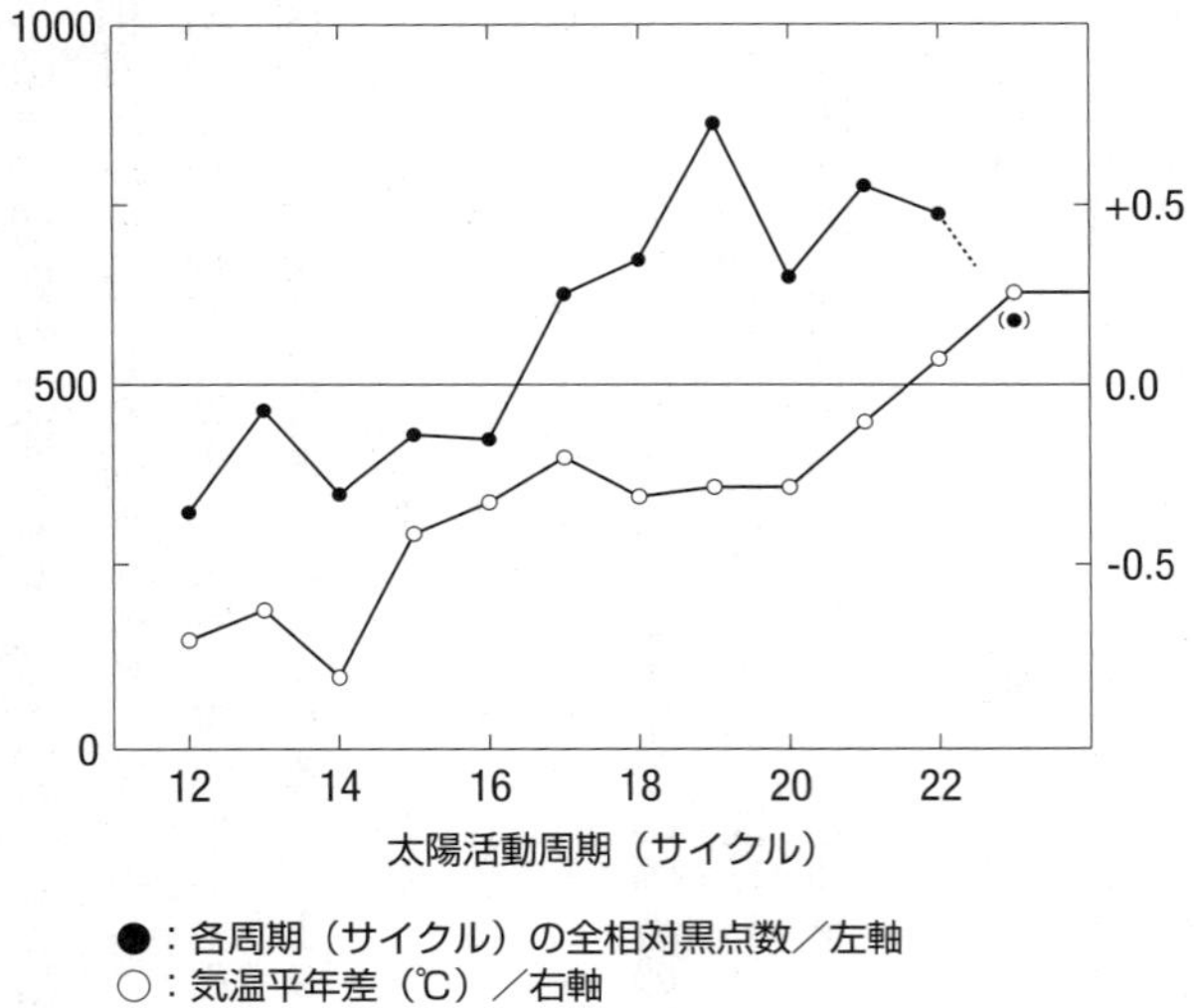


サイクル12（1878年開始）以後、2000年に至るまでの各サイクルにおける全相対黒点数と気温平年差（平均値からの差異）との関係。両者には比例関係があるように見える。

## 図15　太陽活動と平均気温との関係

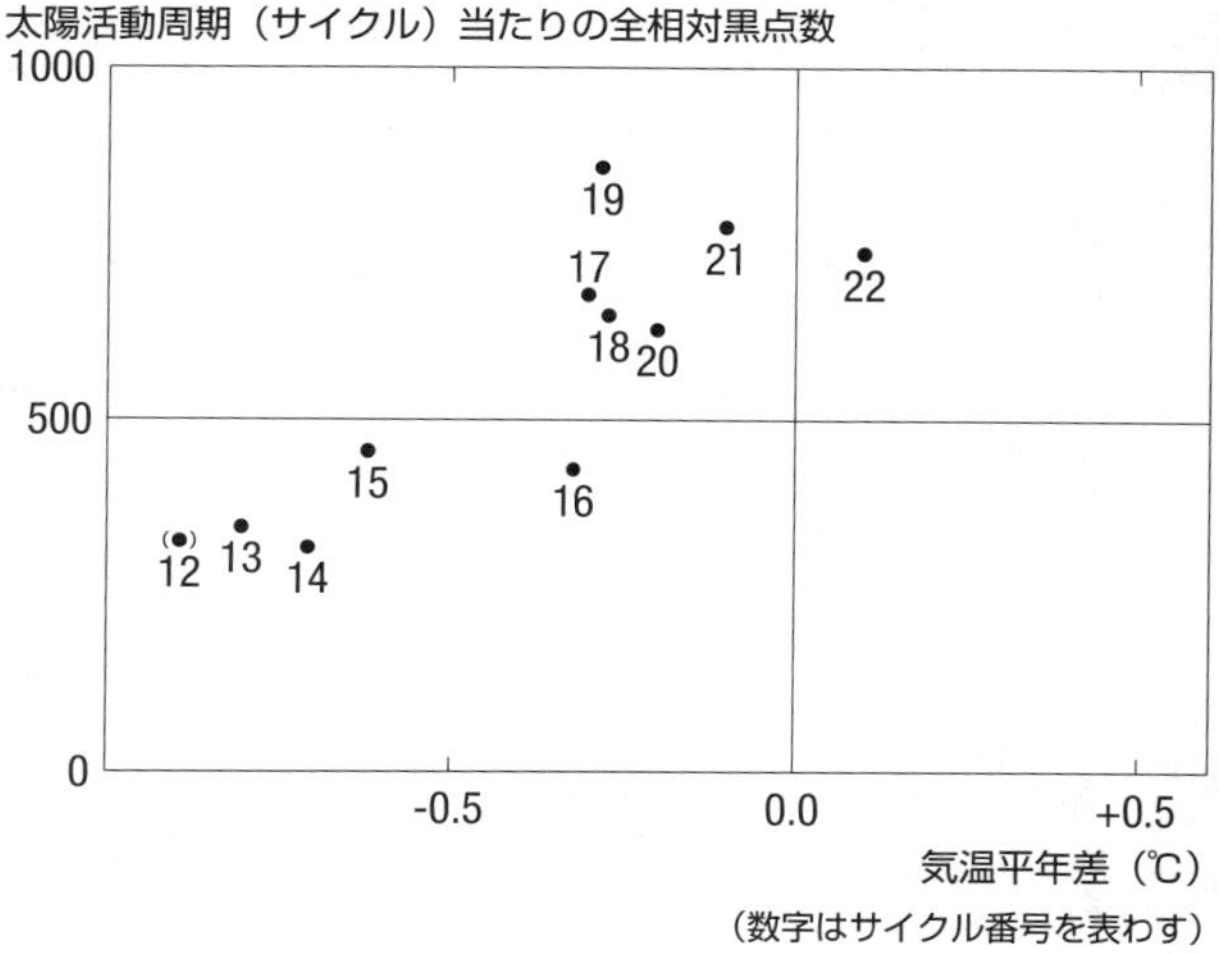


各サイクルの全相対黒点数と世界の平均気温の平年差をプロットしたもの。太陽活動の増大（黒点数の増加）が、平均気温の上昇をもたらしているように見える。

このことは、図14・図15に示した結果には、私たちにとって未知の要因が隠されていることを強く示唆《しさ》する。太陽活動の変動に関わるこの要因を見つけだすことにより、地球温暖化をもたらすのが何なのかが明らかになるものと考えられるのである。

## 地球のオーロラと太陽のフレアの関係

太陽活動が活発な時期、言い換えれば太陽面に頻繁に黒点群が発生、成長している時期に、地球にどんなことが起こっているかというと、両極地方の上空にオーロラが発生し、ほとんど時を同じくして地球の磁気が激しく乱される。

この地球磁気の乱れがいかほどかを客観的に表わす指標として工夫されたものに、「ａａ指数（index）」と呼ばれるものがある。この指数が大きいときに、オーロラが両極地方の上空に発生するのだが、地球磁気の大きな乱れは、太陽面に発生した大きな黒点群の上空で時折観測されるフレアと呼ばれる一種の爆発現象の発生後、二、三日して起こる。

## 図16　フレアとオーロラ

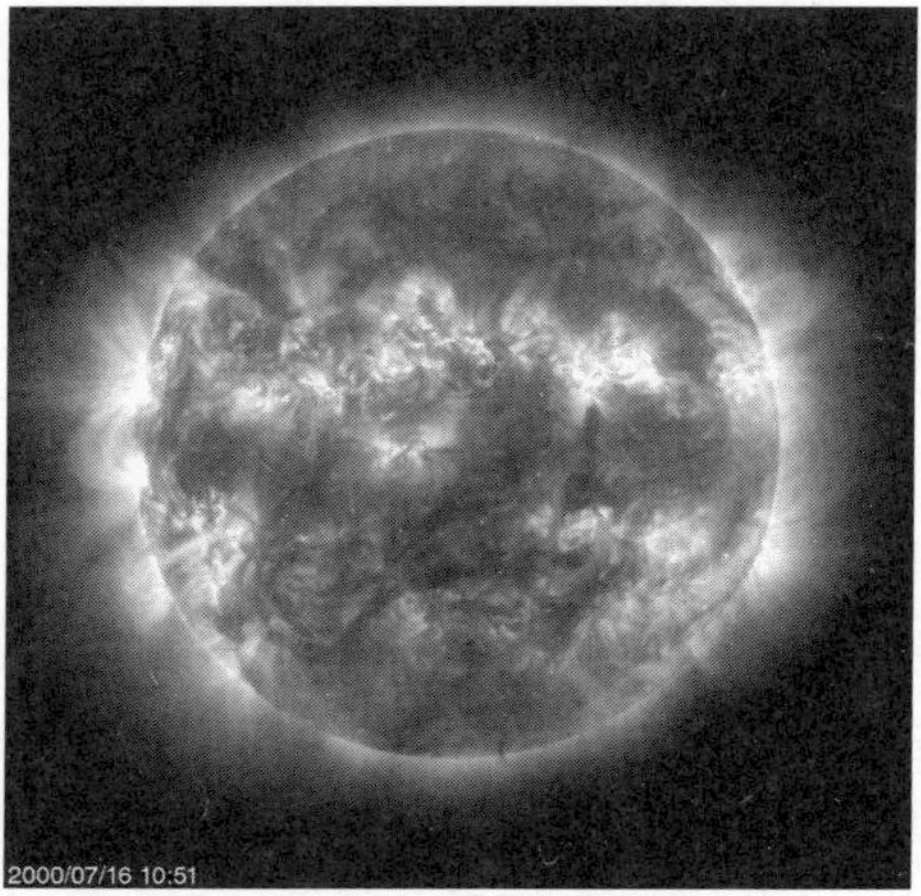


▲フレア（真白い部分）　写真　SOHO (ESA & NASA)

▼宇宙からみたオーロラ　写真　NASA

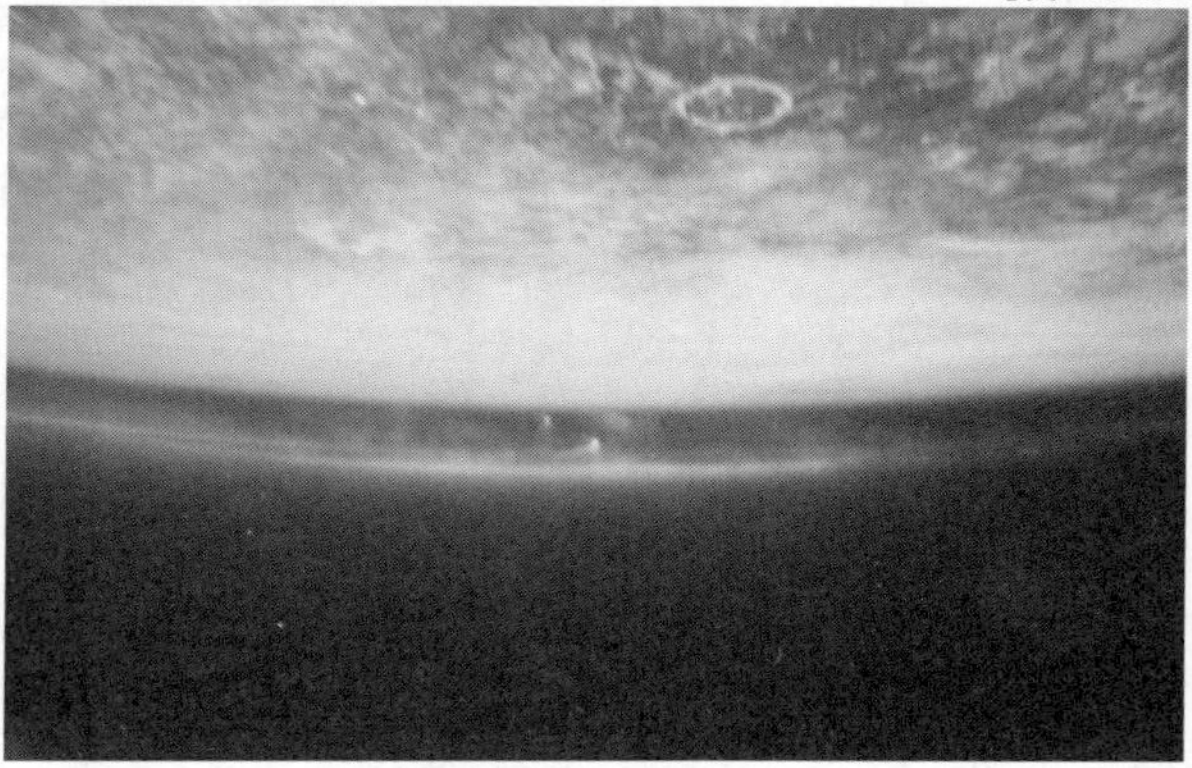

フレアは太陽表面で起こる爆発現象であり、活動的に変化しつつある黒点群の上空やその近くで、しばしば発生する（図16）。フレアにともなって電波やエックス線、ガンマ線などの強い電磁放射や高エネルギー粒子などが生成される。

フレアの発生率は、相対黒点数の大きさにおおよそだが比例関係を示すので、オーロラの発生頻度も、このフレア発生率にほぼ比例する。

このような事実関係から、この地磁気の乱れである「ａａ指数」の変動と世界の気温変動との間にも、ほぼ比例した関係が見られるものと予想される。実際に、これら両変動の間には、図17に示すような関係のあることがわかる。

この図17を見て、地球磁気の乱れが世界の気温変動を引き起こすのだと推論する人が、果たしているだろうか？

地球磁気の大きな乱れはオーロラが発生する地上１００キロメートル付近の領域に強力な電流を作りだすことが明らかにされているから、確かに、この電流による大気の加熱が起こっているのかもしれない。

だが、この加熱も両極地方に限られた現象なので、世界の気候を変える可能性はほとんどないものと推論される。

では、この図17に示された結果は、私たちに何を語りかけているのだろうか。先の図14に示した結果とともに、太陽活動の変動性の後ろに隠されていて、これらの両図に現われないものとは一体何なのだろうか。

私と研究仲間たちによって最近明らかにされたことなのだが、太陽活動の活発さの長期変動は、太陽の外縁部にあるコロナから溢《あふ》れだす「太陽風（Solar Wind）」と呼ばれる超音速の流れにも変動を引き起こす。

この「太陽風」はコロナ中に広がる太陽の磁気を運びだすのだが、この運び出す磁気の強さが、太陽活動の活発さとともに大きくなるという事実である。

この磁気、すなわち「太陽風」中の磁場の強さが、１８７８年以降、２００３年頃までにどのように変わってきたかを、太陽活動周期（サイクル）における活動の極大期・極小期の両方で見てみると、図18に示す結果が得られる。

地球を含む惑星たちが、太陽の周囲を公転している空間を、惑星間空間とか宇宙空間と呼んでいるが、図18に示した結果は、地球の公転軌道付近におけるこの空間中の

## 図17　地球磁気の乱れと世界の平均気温との関係

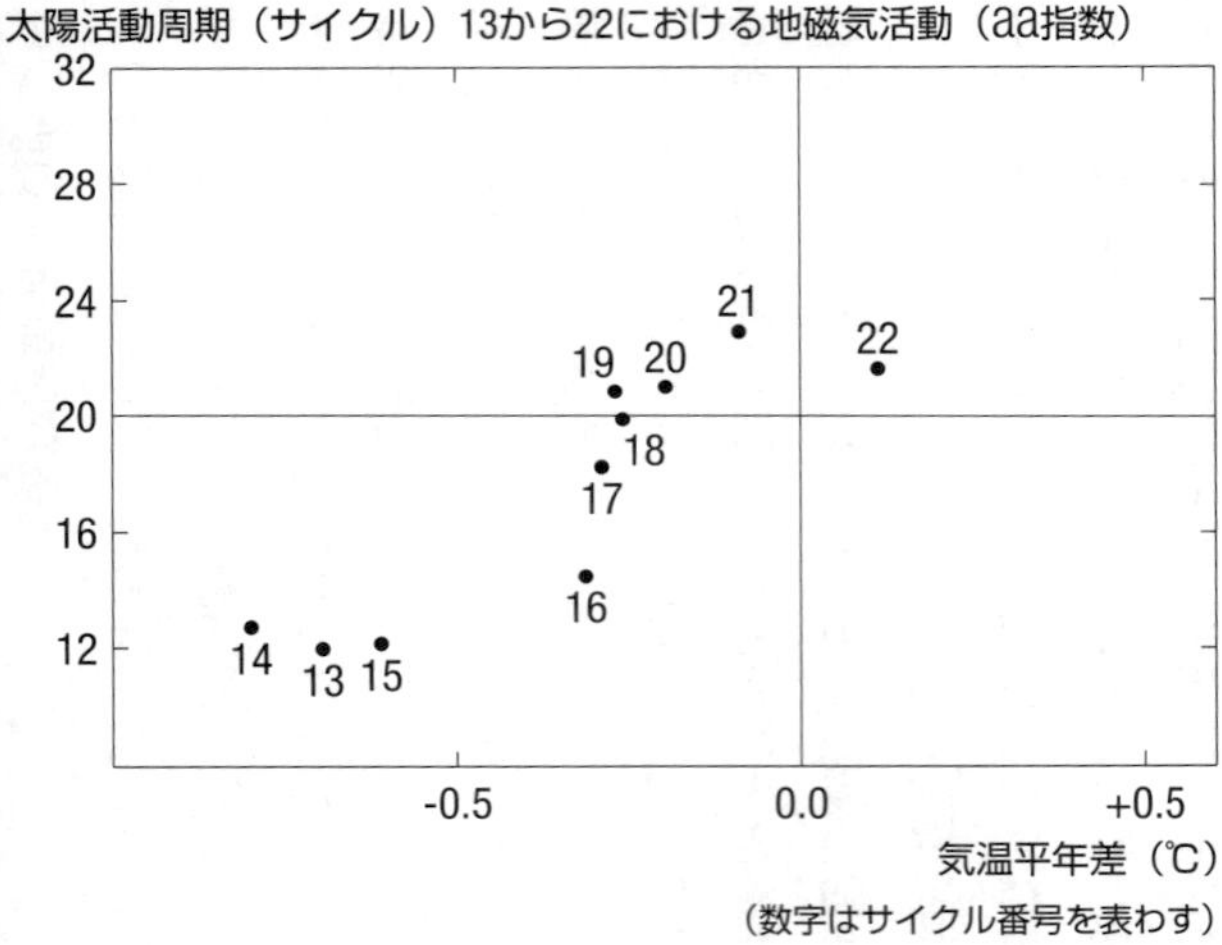


各サイクルにおける地球磁気の乱れを示す「aa指数」と世界の平均気温との関係（1878年以後、2000年までの期間）。一見、地球磁気と気温が関係しているように見えるが……

## 図18　太陽起源の磁場の強さの変動

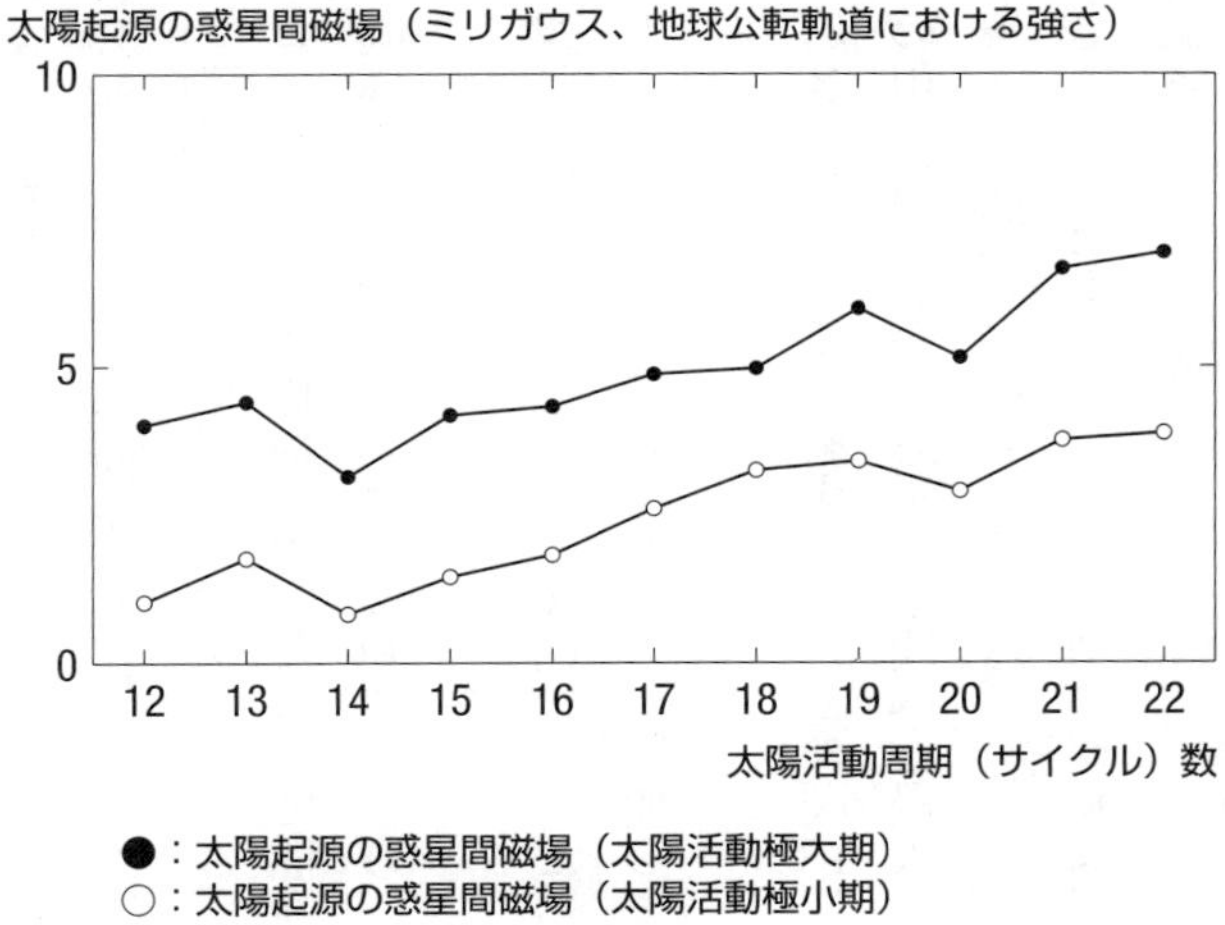


太陽から惑星間空間へ広がる太陽起源の磁場の強さの変動を表わしたもの。各サイクルにおける磁場の強さの最大値と最小値を示す。時代が下るにしたがって、磁場が強くなっていく傾向が読みとれる。

磁場の強さを表わす。

この公転軌道が描く平面を「黄道面」と呼んでいるが、図18に示した磁場の強さは、この面内についてのものである。

ヨーロッパ宇宙研究機構が中心になって開発した〝ユリシーズ（Ulysses）衛星〟は、太陽の両極地方上空を飛ぶような軌道をとり、太陽風とこの風の中の磁場とを測定した。

その観測結果によると、この図18に示した結果に比べて磁場の強さは幾分弱いが、時代が下るにしたがって磁場の強さが増加していく傾向には変わりがないことが明らかである。

後に第3章で詳しく考察するが、この図18に示した惑星間空間に広がる磁場の強さは、天の川銀河空間から惑星間空間へと侵入してくる宇宙線の挙動に強く影響することが、現在では明らかにされている。

本章でみてきたように、太陽活動の変動は、地球の気候変動に深く関わっていると考えられる。

では、太陽活動の変動が、どのようなメカニズムによって地球の気候の変動に影響しているると考えられるのかについて、次章でさらに考察を進めよう。

## 第3章

# 太陽の何が地球の気候に影響しているのか？

## 地球へ届けられる光エネルギー

私たちの住む地球環境は、太陽から送り届けられる光エネルギーによって、現在見られるような状態を維持している。

この光エネルギーは、大気や海洋を温めたり生命活動に利用された後で、大部分は大気からの赤外線放射として、外部空間へ排出される。地球は、こうしてエネルギーの収支のバランスを維持している（図19）。

大気からの赤外線放射は、大気の温度によって放射の効率が決まり、温度が上がると放射効率が上がるという性質をもっている。

もし、大気や海洋の温度が上昇することがあると、この赤外線放射の効率は上がり、より多くのエネルギーを外部空間へ送り出すことで、温度を下げて元の状態へ戻そうとするのである。このようにして、地球環境を不変に維持しようとする力が自動的に働く。

では、この太陽から地球に送り届けられる光エネルギーの動きは、地球の環境の変

図19
太陽のエネルギーによって維持される地球環境

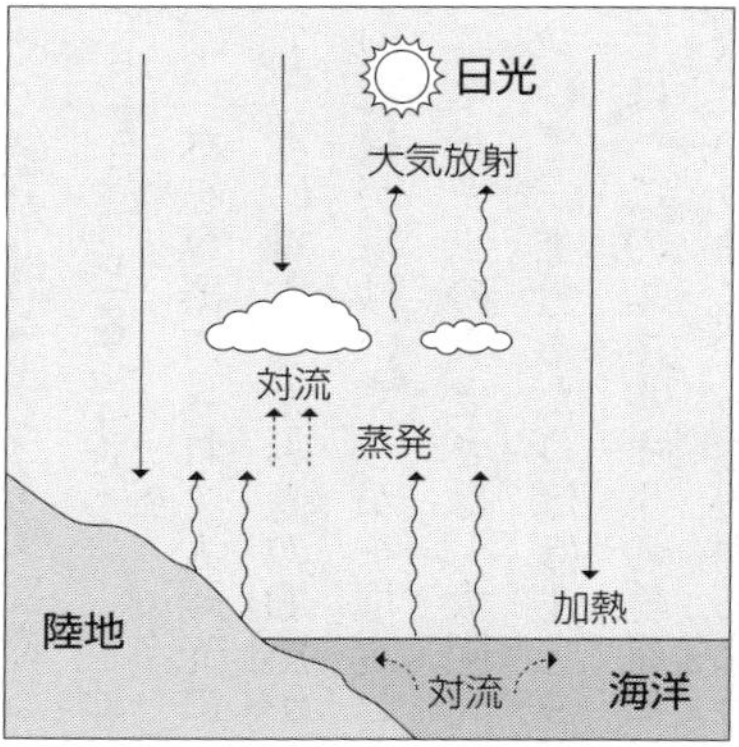


地表付近の環境内における水と大気との循環過程。太陽が送り届ける光エネルギーの加熱により制御されている。

動にどのように関わっているのであろうか。

19世紀の終わり頃から20世紀の初めにかけて、太陽が放射している電磁エネルギーのフラックス（ある面を通過する単位時間・面積当たりの物理量、例えば太陽に面した1平方メートルの面積を貫いて流れる毎秒のエネルギー量）の測定を初めて試みた人物がアメリカにいた。

それが、チャールズ・アボット（C. Abbot）で、首都ワシントンにあるスミソニアン博物館で働く研究者であった。

彼は、南米のアンデス山脈の高山で、このフラックスの測定を数年にわたって続け、その値がほとんど不変であることを見出し、このフラックスを「太陽定数(Solar Constant)」と名づけた。

例えば、水を容器に入れて太陽光にさらしておくと、温まる。アボットは何年かにわたって、水に対する太陽光の加熱から、太陽が休まずに放射しつづけている光エネルギーの総量が毎秒いくらかを推定した。

このエネルギーの大きさは、太陽光に対して垂直に面した1平方センチメートルの面積について、1分あたりほぼ1・95キロカロリーであった。

測定では、このエネルギーの総量にはほとんど変化が見られなかった。このことから、定数という命名からもわかるように、太陽からの電磁放射は不変だと想定されたのであった。

## 太陽光エネルギーの変動は気温に関係するか

太陽面に出現する黒点や黒点群の数は、相対黒点数という表現では、1日当たり、ほとんど０から２００ほどに至るまで幅があり、この数の変化は、おおよそ11年周期でくり返すことがわかっている。

アボットの測定で一定とされていた光エネルギーの総量も、その周期的な変動にともなって、太陽からの電磁エネルギーのフラックスは増減をくり返していることが現在では明らかになっている。

１９７０年代の終わりに打ち上げられた気象観測衛星ニムバスや太陽観測衛星ソーラー・マックスが10年の長期にわたって太陽放射を測定し、この太陽が放射する光エネルギーの総量が、０・１パーセントほどと幅は小さいが、変動していることをつきとめたのである。

例えば、この各太陽活動周期（サイクル）について、番号12から22まで（１８７８年から１９９６年まで）の場合をとりあげ、各周期（サイクル）の総相対黒点数と、この周期に対応する平均の太陽放射エネルギー・フラックス（$W/m^2$）との関係を調べてみると、図20に示すような結果が得られる。

図からは、総相対黒点数が大きくなるにつれて、太陽からの放射エネルギー・フラックスが大きくなることがわかる。

確かに、太陽面に黒点や黒点群の発生頻度が高いときのほうがこのフラックスが大きいのだが、この増加は、120年ほどの間に、わずかに0・2パーセントの増加にとどまる。そのため、ほぼ一定と考えても、研究上では支障をきたすことがない。

0・2パーセントほどの増加であるから、このわずかな増加により地球の温暖化を説明することは不可能である。つまり、気候の温暖化を太陽からの光エネルギー放射量の増加に帰することはできないのである。

この結果に基づいて、「気候変動に関する政府間パネル（IPCC）」は、太陽からの電磁放射エネルギーの増加が地球の温暖化を引き起こしたのでないとしたら、最近の急激な世界の平均気温上昇の原因は人為的なものであり、それは、産業活動による炭酸ガス（$CO_2$）の大気中への排出によるもの以外には考えられないと結論したのであった。

一方、逆に考えれば、マウンダー極小期やドールトン極小期にみられる太陽活動の衰退期においても、太陽から放射された電磁エネルギーの総量には、わずかな変化し

## 図20　太陽活動と電磁放射エネルギーの関係

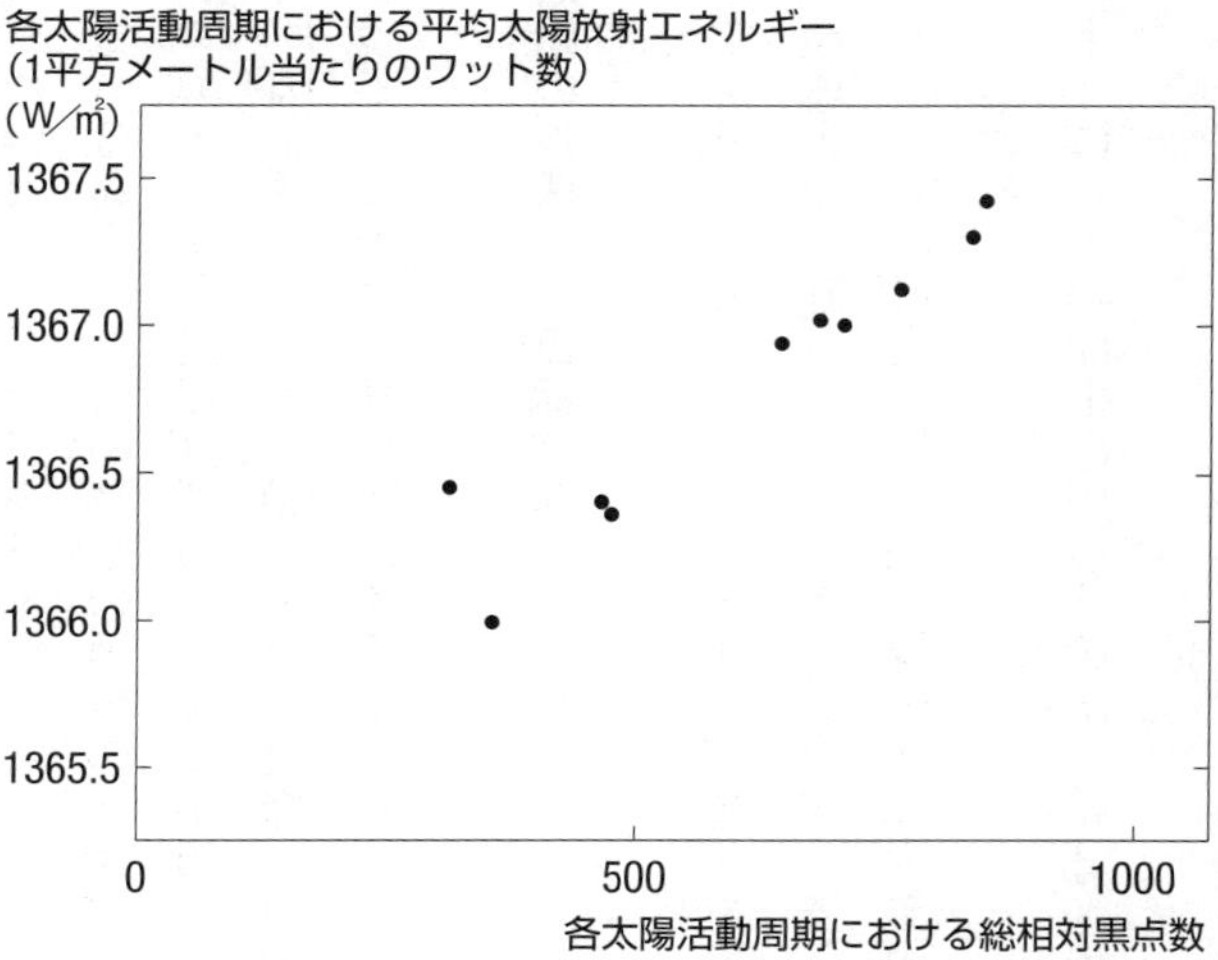


各サイクルにおける総相対黒点数と太陽からの電磁放射エネルギー（W《ワット》/㎡）の関係を示している。1878年以後、2000年までの間にこのエネルギーの増加は0.2パーセント程度である。

か見られないということである。

そうであるならば、この時期の地球の寒冷化がどのような原因でもたらされたものなのか、エネルギー量とは別のところに求めなければならない。

この原因を探ることは、20世紀半ば以降、急激に進んだとされる地球の温暖化がなぜ起こっているのかを解き明かす手がかりを、与えてくれるはずである。

## 太陽活動の指標——自転パターン

前章で言及したように、太陽活動の活発さを示す「相対黒点数」が、地球上で観測される地球磁気の乱れ（「ａａ指数」に反映される）やオーロラの発生数に強く関係していること、さらに最近では、宇宙線の地球大気中への侵入量にまで影響していることが知られている。

このように、太陽面上の黒点活動が、地球環境の変動に大きく関わっているのである。

20世紀初頭に、この黒点や黒点群には強い磁場がともなっている事実が発見され、黒点の成因に、太陽の対流層内に存在する磁場が基本的な役割を果たしていることが明らかにされた。

私たちは、方位を知るのに磁石を用いる。これは地球がもつ磁気の向きに磁石が反応することから方位がわかるのだが、例えば東京の磁場の強さが０・３ガウス程度なのに対して、黒点の磁場は２０００から３０００ガウスと非常に強い。太陽の両極地方に広がる磁場も、１ガウスかそれ以上あり、私たちの周囲に広がる地球の磁場に比べて、３倍も強いのである。

地球になぜ磁場が存在するのかは、太陽の場合と同様に、現代物理学における重要な研究課題のひとつなのだが、残念なことにまだ解決されないまま残されている。

もちろん、世界各地で研究者たちにより多くの研究成果があがっており、現在最も有力視されているのが、一種の発電機構（ダイナモ機構）が、内部で働いているとするものである。

太陽の場合には、太陽表面からその半径の６分の１程度の深さにまでわたって存在する対流層と呼ばれる領域内でこのダイナモ機構が働き、黒点や黒点群の磁場や両極地方に広がる磁場が作りだされているのだと考えられている。

イオン化したガスの対流と磁場とが絡み合ってダイナモ機構が働き、この磁場の一部が太陽面に顔を出し、黒点や黒点群を作りだしているとされているのだ。

このダイナモ機構の働きに、太陽の自転が基本的な役割を果たしており、自転速度の変化が太陽活動の変動を引き起こしていると考えられるのである。

先に示した図8・図9には、太陽の赤道における自転速度だけが示されているが、赤道から離れて南北に移っていくにつれて、この速度は小さくなることから「差動回転（Differential Rotation）」と呼ばれており、この回転のパターンは、太陽活動の活発さによって変わってくる。

しかし、この差動回転のパターンを決めるのは赤道の自転速度であることから、図8・図9などには赤道の自転速度が示されている。

このように、太陽活動の活発さを示す「相対黒点数」は、太陽の自転パターンに強く依存してきまるため、太陽面の自転速度を観測することにより、太陽活動がどのように変化していくのかが予測できることになる。

ここで太陽活動の活発さ、すなわち各太陽活動周期（サイクル）における総相対黒点数と世界の平均気温との関係を示した図15（83ページ）をもう一度眺めてみよう。

この図に示した結果を見ると、世界の平均気温の上昇は、太陽活動の活発さが強くなるにつれて起こっていることが明らかである。太陽の自転パターンから見ると、自転速度が減速して遅いときのほうが、世界の平均気温は高くなる。

また、図18に示したように、太陽の自転速度が時代の経過とともに遅くなるにつれて、太陽の周囲の惑星間空間に広がる磁場の強さも増加していく。この2つを見ると、外部空間に伸び広がった太陽起源の磁場が、この空間に存在するイオン化したガスとの相互作用を通じて、太陽の自転速度を遅くするように働いているのかもしれないと考えられる。

つまり、もしかしたら地球の気候は、太陽の周囲に広がる惑星間空間中に存在する太陽起源の磁場の変動によりコントロールされているかもしれないのである。

この磁場は、惑星間空間内における宇宙線の挙動に強く影響し、究極的には地球に気候の変動を強制するように働いている可能性があることになる。

## 太陽活動周期と黒点の磁気の関係

これまで、太陽面に現われる黒点や黒点群の数から求められる相対黒点数の大小が、太陽活動の活発さを表わすとしてきたが、これは、この数の多少が地球の磁気の乱れの激しさや、オーロラの両極地方における発生頻度に因果的に関わっているからであった。

地球の磁気の乱れの激しさを表わす「ａａ指数」は、太陽から太陽風と呼ばれる超音速のガスの流れによって運びだされる太陽起源の磁場の強さと比例的な相関関係にある。このことについては、この後すぐにふれるが、ここでは、この磁場と太陽本体のつながりについて、見ていくことにしよう。

実は、黒点や黒点群には、磁気がともなっていて、その磁気の極性（S、N、つまり南、北ということ）についても、ある種の法則性がある。

## 図21　黒点の持つ磁性（N極とS極）

(a) 黒点のN極S極

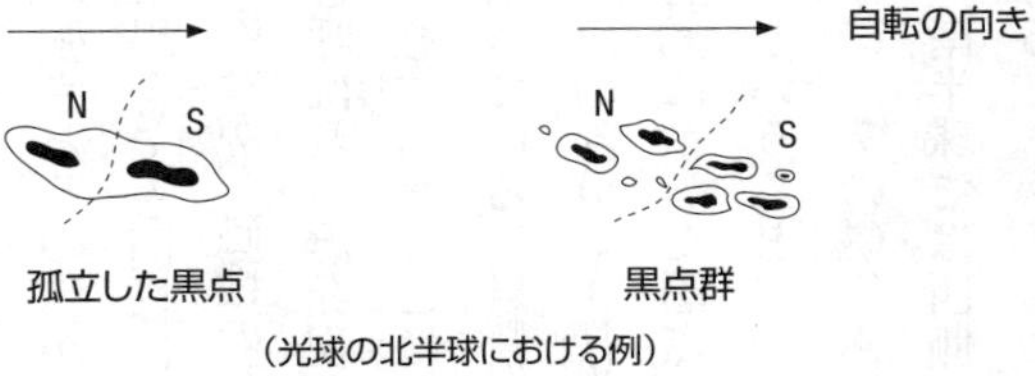


黒点および黒点群の中で、約半分がN極、約半分がS極となり、両者が釣り合っている。

(b) サイクルが変わるとN極とS極が入れ替わる

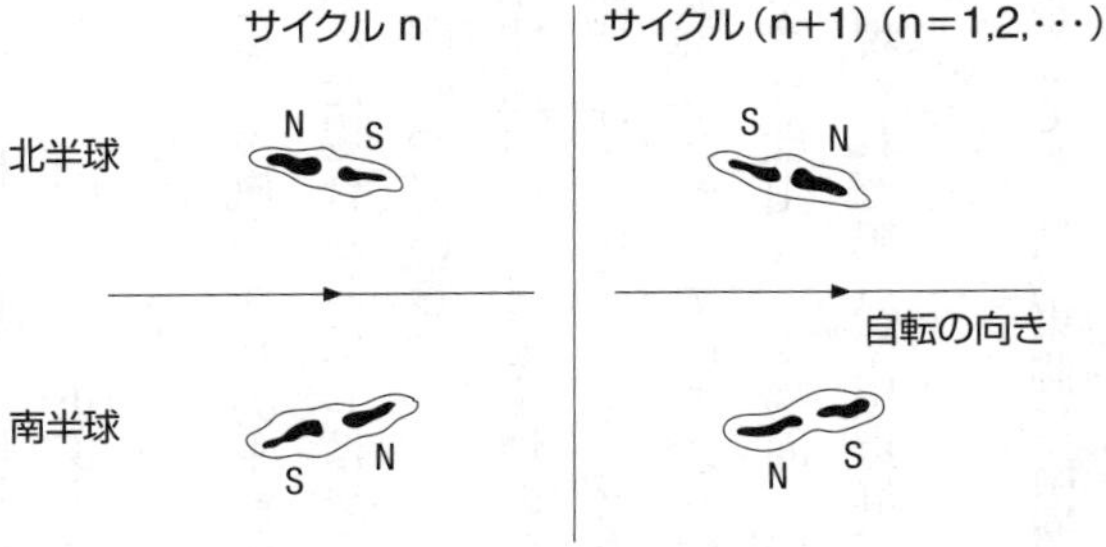


太陽活動周期（サイクル）が変わると
黒点の磁極特性（N極とS極）が入れ替わる。

黒点1個をとりあげてみても、その半分ほどが南極（S極）の磁性を示し、残りの半分ほどが北極（N極）の磁性を示して、全体として図21(a)に示すように、南北両磁性が磁気の強さとその広がりについて釣り合っているのである。

黒点群の場合でも同様に、その半数ほどが北極（N極）、残りの半数ほどが南極（S極）となるのだが、磁性の分布が複雑に入り組んだ場合がしばしば見られ、それが太陽フレアと呼ばれる爆発現象を引き起こすのに関わっている。

ひとつ注意すべきことは、黒点や黒点群が示す磁気における磁性の分布は、等緯度線にほぼ沿っている（自転の向きに並行）が、西側（注・太陽では向かって右が西となる）に位置する黒点の部分（先行黒点）が少しだけ赤道寄りとなっていることである。

先の図21(a)に示した黒点や黒点群は、このような理由で、太陽面上の北半球に現われたものだということになるのだが、南半球に現われた黒点や黒点群では、図21(b)に示したように、その磁気極性の分布が反対になっている。

つまり、南半球では西側に北極（N極）が分布しており、東側に南極（S極）が分布するのである。

今見たような、南北両半球における黒点や黒点群に見られる磁気極性の分布は、約11年の太陽活動周期（サイクル）を通じて不変に維持されるが、その次の周期（サイクル）では、この極性分布が逆転し、図21(b)に示したサイクル（ｎ＋1）のようになる。さらにその次のサイクルでは、再びサイクルｎの磁気極性に戻る。

このように、黒点や黒点群にともなう磁気極性の分布で太陽活動を見たときには、約22年で回帰することになる。このような周期性を太陽磁気サイクルと呼んでいる。

この図21に示したような2つの特性は、1930年代末にアメリカのヘールによって発見されたので、「ヘールの極性法則」と呼ばれている。

## 黒点発生のメカニズム——ダイナモ機構とは

では、これらの黒点や黒点群は、どのようにして生まれるのだろうか。

黒点や黒点群にみられる磁気極性の分布は、太陽内部における対流と、前に述べたことのある差動回転との相互作用から導かれたのだと、現在では理論的に考えられている。

太陽を構成するガス物質は、よくイオン化されている。こうしたイオン化したプラズマと呼ばれるガスの運動は、磁気を引き伸ばしたり、この運動とともに磁気を運んだりする性質がある。

そのため、赤道とその付近が速く自転する差動回転により、たとえば図22の(a)〜(d)に示すように、子午面（南北を結ぶ軸を通る面）内に最初あった磁力線(a)は、赤道では最も速く西側へと引き伸ばされていく(c)。

この自転により何回も磁気が引き伸ばされた後では、(d)に示すように、磁力線は対流層内部で引き伸ばされ、何重にもわたって、太陽をとりまくように伸びて重なっていく。

このようにして、太陽の自転方向の磁場が現われるのである。

さらに、磁力線が密集したところでは、ガスの流入が阻《はば》まれるので、そこはガス密度が相対的に低くなっているものと推測される。

このような領域では、外向きの対流によって磁力線が光球面上に持ちだされると、

## 図22　黒点発生のメカニズム

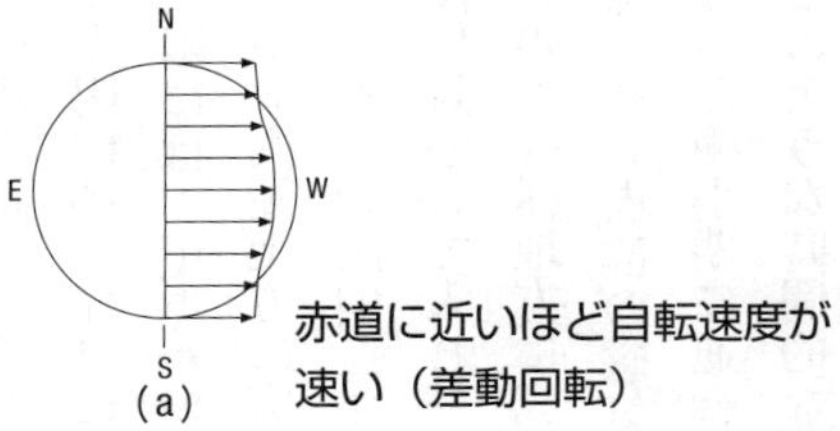

赤道に近いほど自転速度が
速い（差動回転）

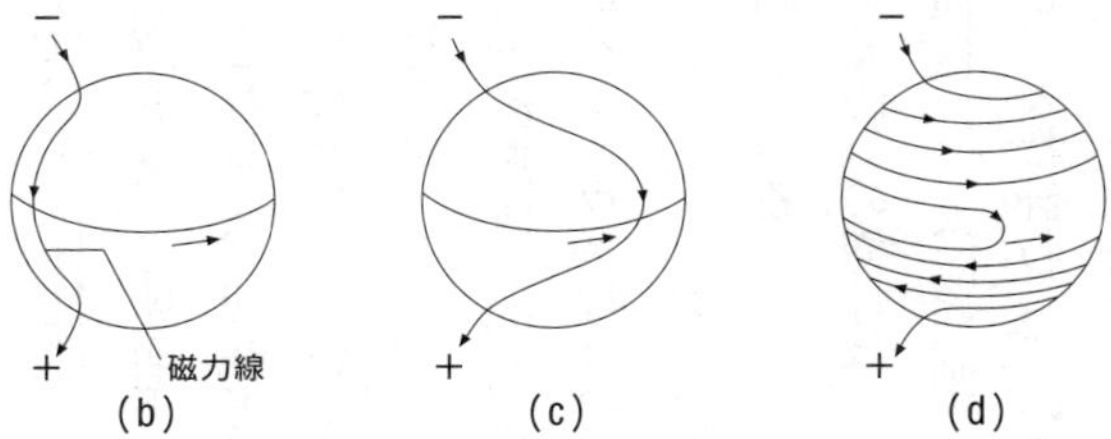


(a) に示す差動回転の速度のちがいが（b)、(c)、(d）の順に磁力線を引き伸ばし、強さを増加させていく。

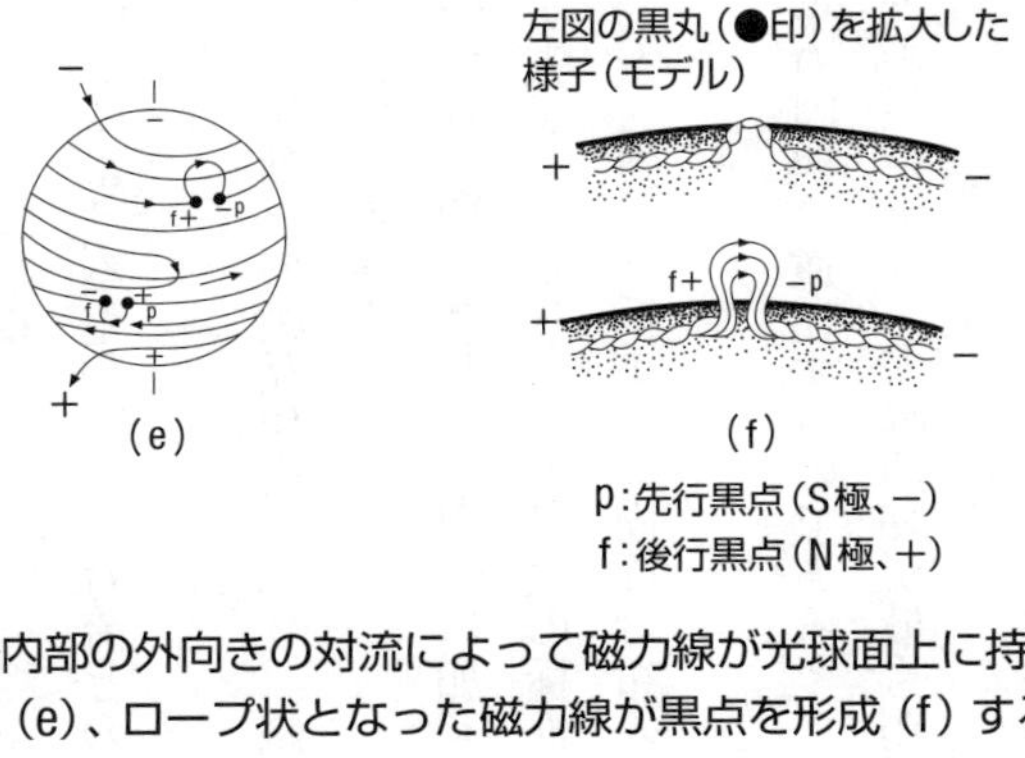

左図の黒丸（●印）を拡大した
様子（モデル）

太陽内部の外向きの対流によって磁力線が光球面上に持ち出され（e)、ロープ状となった磁力線が黒点を形成（f）する。

図22の(e)と(f)に示すように、ロープ状をした磁力線が形成され、これが黒点を作り、図21や図22に示したように、磁気極性の分布を作りだすことになる。

このように、黒点や黒点群は、光球面下の対流層内部における差動回転と対流との相互作用によって作りだされると、現在考えられている。

この磁力線とイオン化したガス、いわゆるプラズマの運動との相互作用により、磁気を太陽内部に作りだす働きが、ダイナモ作用と呼ばれている機構なのである。

太陽には、黒点や黒点群の形成に関わる経度方向に引き伸ばされた磁力線に加えて、南北両極地方に広がる1ガウス程度の弱い磁気が広がっており、この磁気の極性も、太陽活動周期（サイクル）から数年の時間の遅れで、図21(b)に示した極性分布の交代に対応して入れ替わっている。

太陽の両極地方に広がる磁気の極性は、やはり11年の周期で逆転するのである。

黒点や黒点群の磁気極性は、太陽活動周期（サイクル）の中で、太陽活動が最も弱くなった極小期に逆転し、入れ替わっている。

このような時間的な遅れがなぜ生じるのかについては、ダイナモ作用の働きによって説明することができる。

このことについては、その機構の説明が少し込み入ってくるのでここではふれないが、基本は、イオン化したガス、つまりプラズマが磁場中を運動したとき、磁場と運動の両方の向きに垂直に電場（電界）が誘起され、その電場の向きに電流が流れることに始まる。

この電流は、その周囲に磁場を作りだすが、この磁場が最初から元々あった磁場の向きに誘発され、それを強化するようになっていると、磁場が維持されることになる。

このように、電流と磁場との相互作用を通じて、磁場を維持する機構が実際に可能で、これがダイナモ機構と呼ばれる。

このような機構を「自励《じれい》ダイナモ機構（Self-Exciting Dynamo Mechanism）と呼んでいて、天体磁気の起源の説明として最も有力なものと考えられている。しかしながら、最終的なものといえる結論はまだないというのが現状である。

## 太陽圏内の磁場と宇宙線の挙動

太陽の周囲には、100万度以上にも達する、コロナと呼ばれる高温のガス層が広がっている。このガスは、高温のためにほぼ完全にイオン化されており、太陽半径の数倍も離れた領域では、太陽の重力を振り切って、超音速の風となって惑星間空間へと流れだしている。

この流れは太陽風(Solar Wind)と呼ばれ、地球の公転軌道あたりで、平均で毎秒450キロメートルほどの猛スピードで太陽から遠ざかっている。

この風が吹き荒れる空間が、太陽圏(Heliosphere)と呼ばれている。この太陽圏の形状は図23に示したような形状となっている。

太陽が進んでいく方向の前面には、太陽風が超音速の流れなので、この流れがせきとめられたところに衝撃波が発生し、それによってできた〝閉じられた空間〟に太陽風が吹き荒れ、太陽圏が形成される。

天の川銀河内のどこかで加速・生成された宇宙線と呼ばれるほぼ完全にイオン化さ

## 図23　太陽圏のできかた

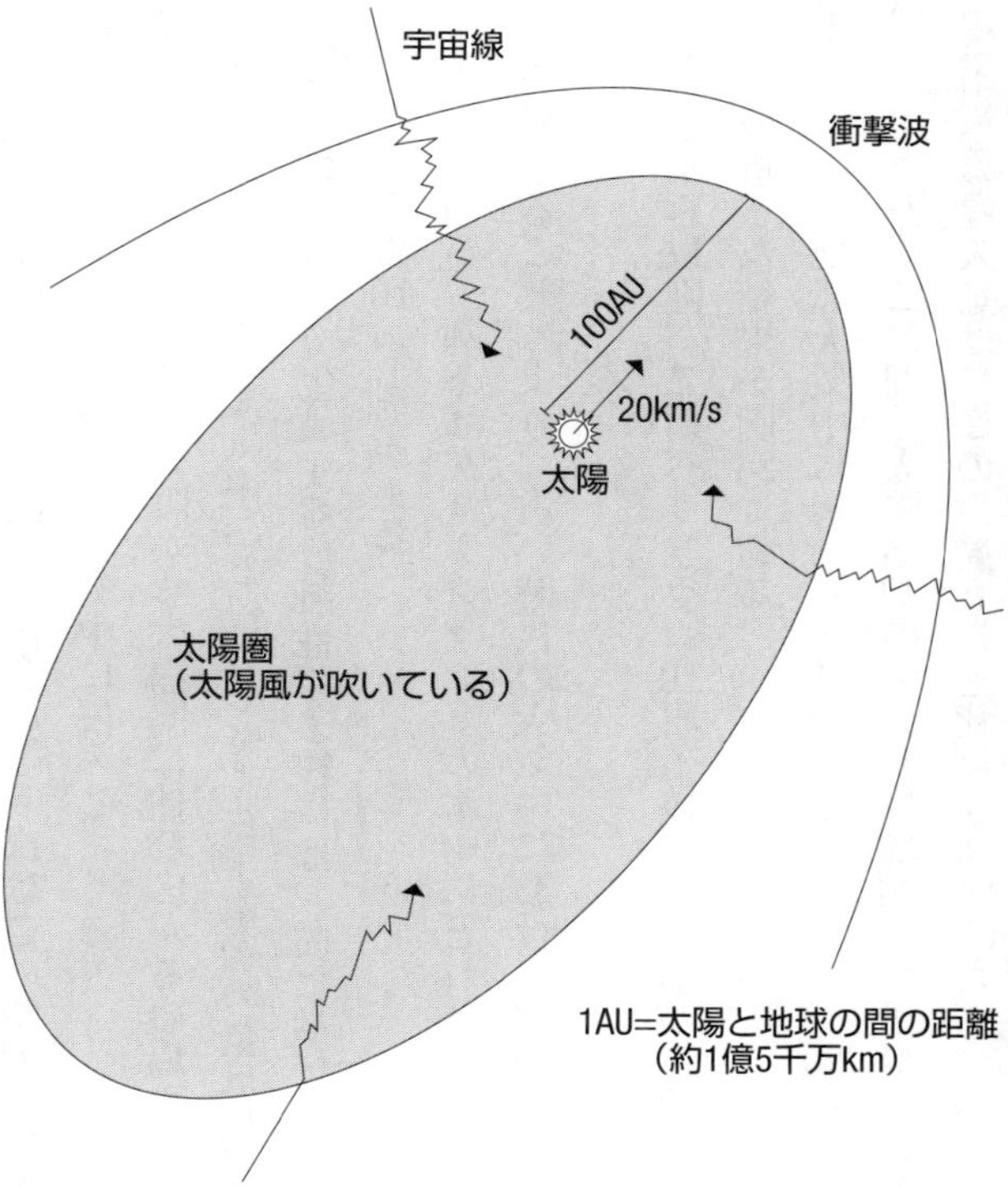


天の川銀河内を運動する太陽が形成している太陽圏（Heliosphere）の構造。宇宙線がさまざまな方向から太陽圏内に侵入し、そのごく一部が地球に届く。

れた原子核は、その旅の果てに太陽圏と出会い、一部はこの空間の内部へと侵入し、そしてさらに一部は地球に出会い、大気中に侵入してくる。

太陽活動が活発なときには、太陽から太陽圏に伸び広がる磁場も強いので、この磁場に妨《さまた》げられるため、地球大気中へと侵入してくる宇宙線の量は相対的に小さい。

宇宙線が地球の大気中で生成する放射性原子核には、前に挙げた放射性炭素（$^{14}C$）のほかに、ベリリウム10（$^{10}Be$）がある。

このベリリウム10が、例えばグリーンランドの氷中にどれほど閉じ込められているかについて分析することにより、古い時代の大気中における宇宙線の挙動を調べることができる。

1880年頃から以降、このベリリウム10原子核の生成率がどのように変わってきたかについて分析した結果が図24である。

図に示すように、地球大気中に侵入してきた宇宙線の量は、20世紀の終わり頃までずっと減少してきた。この間、太陽活動の活発さは増加しつづけているので、宇宙線の地球大気中への侵入量は、この活発さに逆比例するような形で減りつづけてきたことがわかる。

このベリリウム10の生成率と世界の平均気温の両変動について、両者の関係を調べてみると、図25のようになる。図を見てわかるように、地球大気中への宇宙線の侵入量が減少するにつれて、世界の平均気温は上昇しているのである。

前に述べたように、宇宙線の地球大気中への侵入量は、太陽活動の活発さが増大するにつれて、減少する。つまり、ここでも太陽活動の活発さが、気温変動について根本的な役割を果たしているのである。

しかしながら、すでにふれたことだが、ここで生じる疑問は、太陽活動の活発さを示す指標とは、すなわち太陽黒点・黒点群の数から導かれるものであるため、黒点がどのような理由で地球の気候変動を引き起こしているのか、その因果関係を説明できるのかということである。

これについては、黒点そのものが、地球の気候変動を直接引き起こすとは考えにくいだけでなく、そのような間接的なメカニズムを考えることも不可能だろう。

多少の凹凸はあるものの、１８８０年頃から以降、世界の平均気温は上昇しつづけ

## 図24
## 太陽活動と宇宙線の地球大気中への侵入量の関係

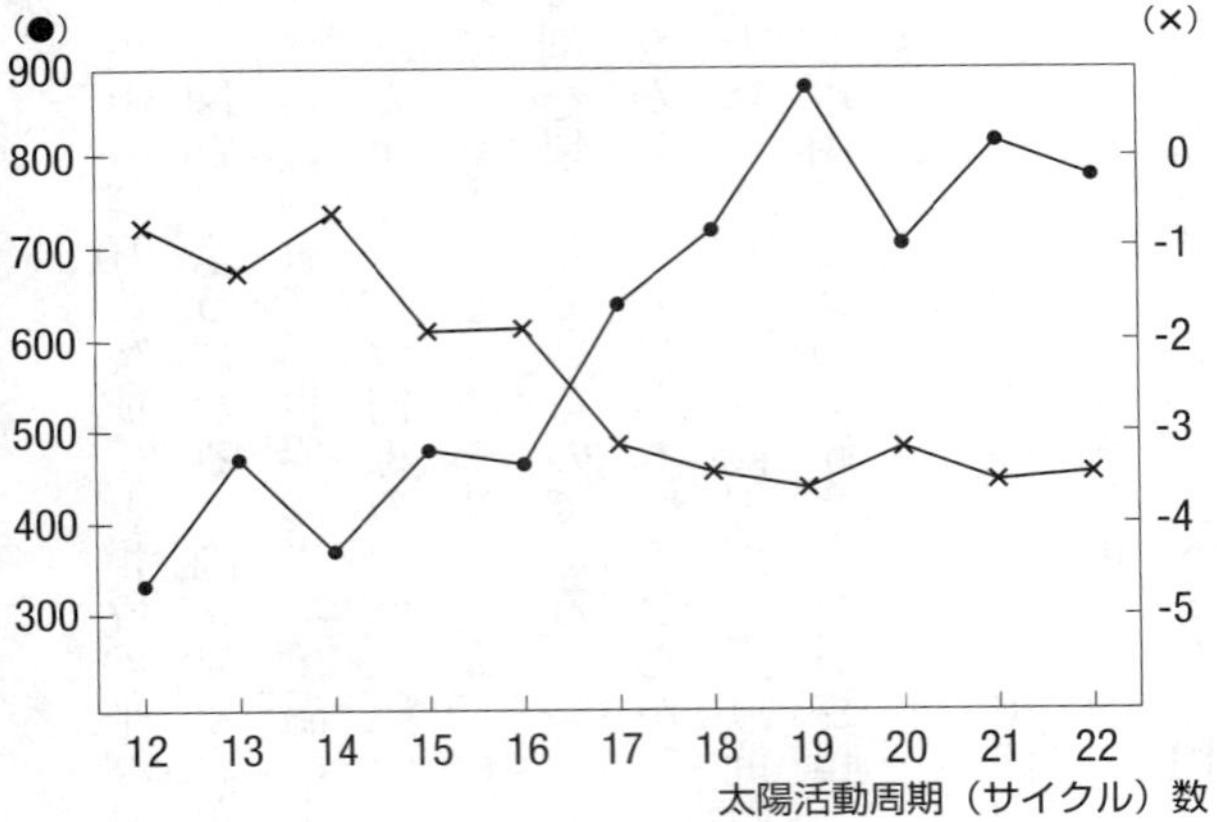


●：各太陽活動周期における総相対黒点数／左軸
×：ベリリウム10（$^{10}Be$）存在量（$10^{-6}$で規格化）／右軸

1878年（サイクル12の開始）以後、2000年までの約120年における太陽活動（総相対黒点数）と宇宙線の地球大気中への侵入量（ベリリウム10の存在量）との関係を示したもの。両者は逆相関の関係にあることがわかる。

## 図25　宇宙線の侵入量と気温の関係

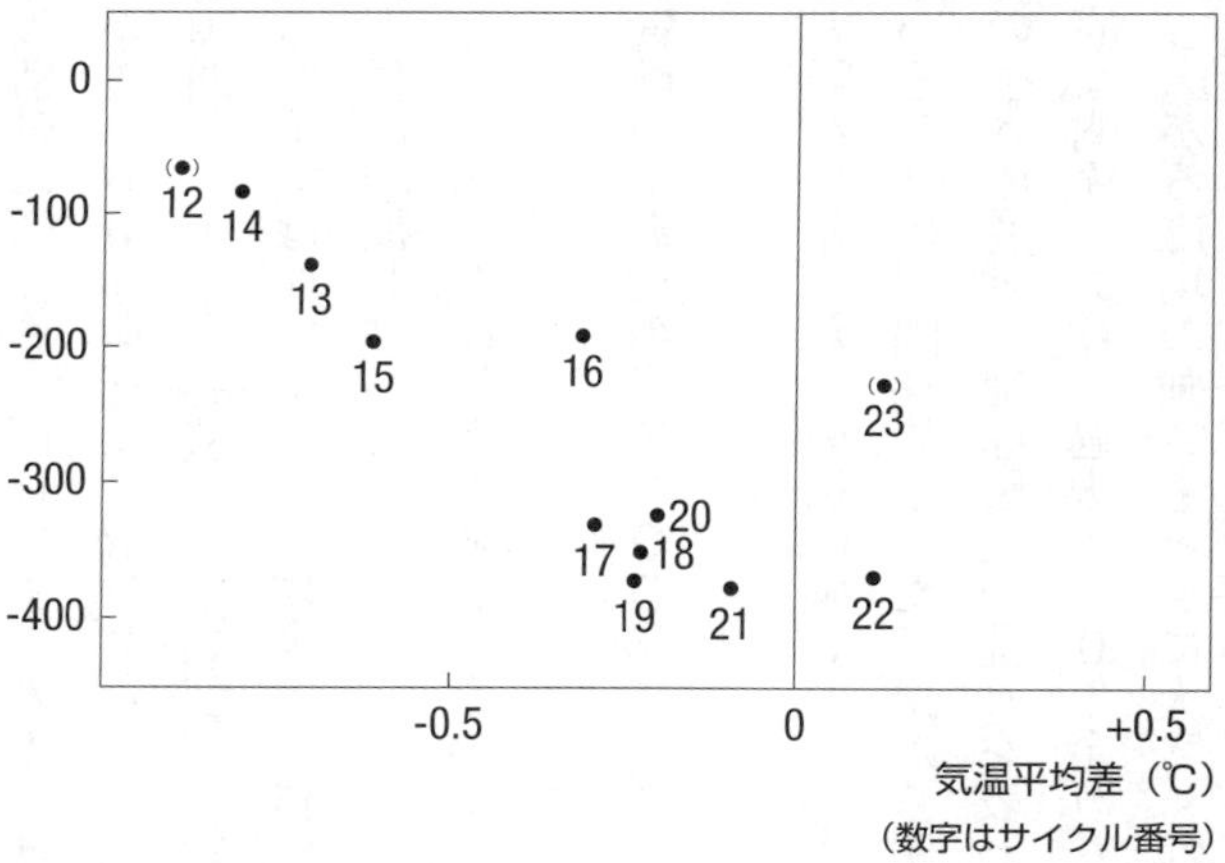


各サイクルにおける宇宙線の地球大気中への侵入量（ベリリウム10の生成率）と世界の平均気温との関係を示したもの。宇宙線の侵入量の減少が、平均気温を押し上げているように見える。

ている。太陽活動の活発さも同様であったが、観測史上最高といってよいような太陽活動の時期が1960年（サイクル19）に起こっており、ここに極大が見られる。

太陽活動周期（サイクル）23から次の24への移行がどのようになるかについては、現在のところ明確ではないが、すでに太陽の自転速度は加速に転じ、宇宙線の地球大気中への侵入量は増加しはじめている。

これまでとは、明らかに何かが変わったのである。

## 太陽活動と気候――最近の過去100年に見る

太陽風が太陽から運びだす磁場の強さが、過去100年余りを通じてずっと増加傾向を示していることは、図18に示した結果から明らかである。

この磁場の強さの変動と地球磁気の乱れを表わす「aa指数」との間には、弱いながらも比例的な関係があり、過去100年余りを通じて「aa指数」も、惑星間空間中に太陽から広がる磁場の強さもともに大きくなってきている。

## 図26
## 地球磁気の乱れと太陽起源の磁場との関係

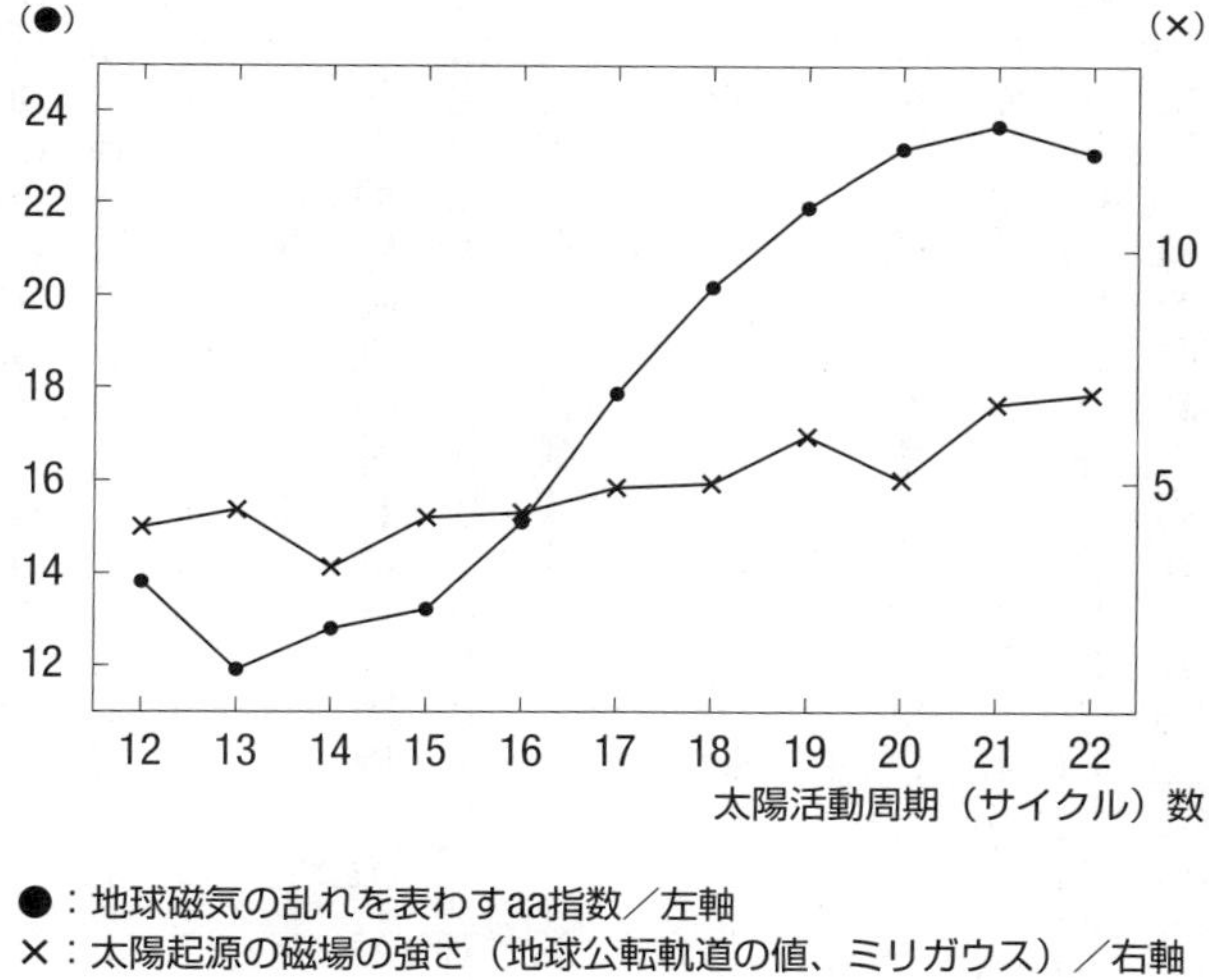


1878年（サイクル12開始）以後の、地球磁気の乱れを表わす指標（aa指数）と地球公転軌道における太陽起源の磁場の平均的な強さの経年変化。両者には弱いながら比例関係が見てとれる。

その関係は図26に示すようになっている。

この磁場の強さは2000年頃にはすでに弱くなる傾向を示しているが、これは太陽の自転速度が加速に転じる前に起こったことで、その後の太陽活動の衰退を先導しているかのように見える。

しかし、この地球磁気の乱れは、太陽風の流れとこの風が引き伸ばして広げた惑星間空間の磁場とによって引き起こされるので、これにより、世界の平均気温が上昇していくのだとする解決には馴染《なじ》まない、というより両者は互いに無関係だといったほうがよい。

つまり、82ページ図14に示した太陽活動の活発さと世界の平均気温の両変動に見られる関係は、まったく見かけのものだということになる。

しかしながら、私たちがまだ検討していないが、気候変動を引き起こす要因と考えられるものが、もうひとつあることに注意を向ける必要がある。それは、図25に示した宇宙線の大気中への侵入量と世界の平均気温の両変動に関係したものである。この問題については、章を改めて考えてみることにしよう。

第4章

# 地球温暖化と太陽との関わり

## ＩＰＣＣの「不都合な真実」

19世紀半ばの１８５０年に、13世紀後半からそれまで続いていた小氷河期がついに終息した。それから以後は、地球環境は寒冷化の状態から脱却し、逆に温暖化が進んできた。

しかしながら、20世紀半ば以降、この温暖化は加速度的に進み、世界の平均気温はそれまでに比べ急速に上昇した。この温度上昇を線グラフにすると、右側がほぼ直角に上昇しているように見えることから、その形状になぞらえて〝ホッケー・スティック曲線〟と呼ばれる。

この急激な温度上昇の原因については、人類の産業活動にともない放出された炭酸ガス（$CO_2$）の蓄積によるものだと一般に考えられている。その中心となっているのが「気候変動に関する政府間パネル（ＩＰＣＣ）」であり、２００７年には第４回目の評価報告書が発表されている。

地球温暖化に対処するに当たっては、それぞれの国の政治や経済に関わる懸案もあり、国際会議などの場において、温暖化防止に向けて各国の合意を取りつけるのは容易ではない。

実際、２００９年12月にコペンハーゲンで開かれた「第15回気候変動枠組条約締約国会議（ＣＯＰ15）」では、気候温暖化についての取り決めは、ついにまとめることができなかった。

また、２００９年11月17日に、気候温暖化をめぐる観測データ収集とその発表に責任をもつ、イギリスのイースト・アングリア大学（ＵＥＡ）に設置されている気候研究ユニット（Climate Research Unit）が保管する電子メールや電子文書が、何者かによってハッキングされ、世界中に出回った。

これらの文書から、世界の平均気温の急上昇に関するデータには捏造《ねつぞう》の疑問があり、先に述べた〝ホッケー・スティック曲線〟と呼ばれるような気温の急上昇は存在しないらしいことなどが明らかとなり、批判にさらされている。

このような〝事件〟が起こり、先の気候研究ユニットの所長であったフィル・ジョーンズ（F. Jones）に対し、責任を問う声が高まっている。

また、1950年頃から世界の平均気温について〝ホッケー・スティック曲線〟的上昇を主張してきた、ペンシルヴェニア州立大学教授のマイケル・マン（M. Mann）も、現在は沈黙したままである。

彼とその仲間たちは、中世の大温暖期の存在を否定し、温暖化の急進を主張してきたのだが、こうした〝事件〟が起こってしまった以上、今後どのように身を処し、見解を発表するのか、注目に値する。

にもかかわらず、我が国ではこの気候温暖化をめぐって起こった醜聞《しゅうぶん》が、一部を除いてマス・メディアを通じて公にされないのが不思議である。また、太陽活動が極端な衰退に向かう徴候が明らかになってきているのに、この事実についても扱いは小さいようである。

太陽と気候の関連をめぐる問題について、人々の関心はないのであろうか。

## 地球温暖化の原因は炭酸ガスの排出なのか

地球上の大気を構成する主成分は窒素（$N_2$）が約80パーセント、残りの約20パーセントを酸素（$O_2$）が占めている。地球温暖化の元凶として問題視されている炭酸ガス（$CO_2$）は、現在でもおそらく０・０４パーセント程度にしかすぎない。

もし、もう１つの温暖化物質である水蒸気（$H_2O$）と、この炭酸ガス（$CO_2$）とが、大気中になかったとしたら、東京周辺の日中の気温はどれほどだと推定されるだろうか。

当然のことであるが、地球環境は太陽の光により温められている。この光は、すなわち電磁放射のエネルギーであり、それによって加熱され、現状が維持されている。

このエネルギーの30パーセントほどは大気や地表面で反射され（アルベード効果という）、残りの70パーセントほどが大気や大地を加熱する。大気や大地は、加熱され温度が上がると、その温度の４乗に比例したエネルギーを電磁放射として外部の空間に向けて放射する。

太陽から地球環境へ流入してくる電磁放射エネルギーが、アルベード効果を挟んで、大気や大地からの放射と釣り合っているのが、「放射平衡《へいこう》」と呼ばれる状態なのである。

この釣り合いが成り立っているときの地球環境の温度、例えば気温は、セ氏でやっとマイナス15度ほどにしか達しないということが、理論的に導かれる。

もし、地球環境がこんな低温であったとしたら、私たちは自然のままではとても生きていられないし、大部分の動植物も死滅してしまう。しかし実際は、このようなことは起きておらず、東京あたりの気温は年平均でセ氏18度ほどである。なぜだろうか。

その理由は、地球表面の約3分の2が、水を湛《たた》えた海洋に覆われていることにある。

よく知られているように、鉄のような金属と違って、水は温めにくいが、いったん温まるとなかなか冷めない。このような性質をもつ物質を熱容量が大きいという。水は、熱容量が大きい物質のひとつである。

海沿いの地域に比べて、内陸部や砂漠の地域の気温は、昼と夜とで大きく異なる。これは砂漠などの地域には水がほとんどなく、保温作用が働かないことによる。

この海洋から、温暖化物質である水蒸気が大量に大気中へと蒸発し、含まれているため、地球全体の気温は下がらないのである。

炭酸ガスも、水蒸気と同様に温暖化物質であるので、このガスが大気中に蓄積したら、当然地球の温暖化が起こる。ただ、そもそも私たちが生きられる気象状態が維持されているのは、主に水蒸気による〝温暖化〟のおかげである事実を忘れてはならない。

すでに何回か指摘したことだが、この温暖化が、太陽の電磁放射エネルギー量の増大によるものでないことは明らかである。最近120年間における、このエネルギーの上昇は、0・2パーセントほどにすぎないからである。

その結果、温暖化の原因は人為的なものであり、人類の放出した炭酸ガスが主要因であるという説が支配的となっている。現在では、大部分の人々がこの説が正しいのだと信じているように見える。

だが、果たして本当にそうだと言えるのであろうか？

炭酸ガス（$CO_2$）の大気中への蓄積が、地球温暖化を本当に引き起こしているのかどうかを検証する試みとして、ここ半世紀ほどにわたって、この蓄積がどのように進んでいるのかを見てみよう。

図27はハワイのマウナ・ロア観測所で測定された炭酸ガスの蓄積量の推移であるが、これを見ると時代を下るにしたがい、炭酸ガス（$CO_2$）の蓄積量はほぼ一直線に増加してきていることがわかる。

さらに、図28と併せた2つのグラフから、炭酸ガス（$CO_2$）の大気中への蓄積量の増加が世界の気温の変動に影響していると考えるのは、当然の勢いというものである。

しかし、ここでひとつ注意しておきたいのは、現在、大気中における炭酸ガス（$CO_2$）の蓄積量は、０・０４パーセント程度であるという事実である。つまり、炭酸ガスに比べると、大気中の水蒸気の存在量のほうがはるかに多く、先ほど述べたようにこの水蒸気も温暖化物質であることを考慮すれば、気候変動における水蒸気の役割を無視するわけにはいかないと考えられる。

　図28に示したような世界における気温の上昇は、海洋からの水蒸気の蒸発を加速度的に増加させるから、当然その結果として、さらなる気温の上昇を招くことになる。そう考えれば、この事実を無視して、世界における平均気温の上昇の原因を炭酸ガス（$CO_2$）の蓄積量の増加に帰してよいのかどうか、疑問が残ることとなる。

## 太陽活動と地球温暖化との関係は

　炭酸ガス（$CO_2$）の蓄積量の増加による温暖化への影響がさほど大きくないとするならば、やはり地球上の平均気温の上昇には、太陽活動の変動が関わっているのだと考えざるをえない。一体、どのような因果関係がそこにあるのだろうか？

　ここでひとつのヒントとなるのではないかと推測されるのが、太陽面上の活動を表わす黒点や黒点群の発生頻度が絡んで引き起こす、惑星間空間に広がる太陽起源の磁場の振る舞いである。

# 図27　炭酸ガス（$CO_2$）濃度の推移

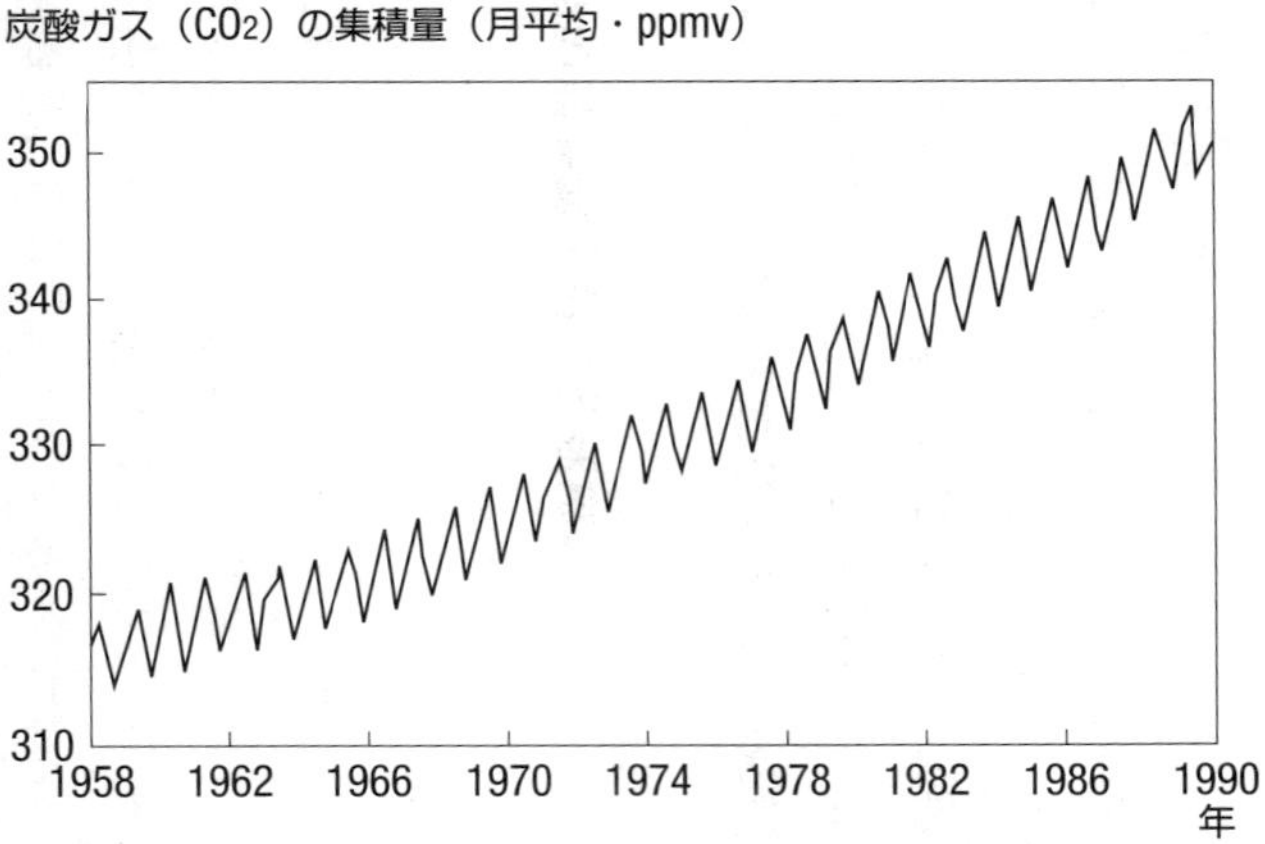


ハワイ、マウナ・ロア観測所で測定された炭酸ガス（$CO_2$）の大気中の集積量を示したもの。期間は1958年から1990年にわたっている。時代が下るにしたがい、増加しつづけている。この傾向は、現在まで続いている。

**図28**
**世界の年平均気温（1891～2008年の気温平年差）**

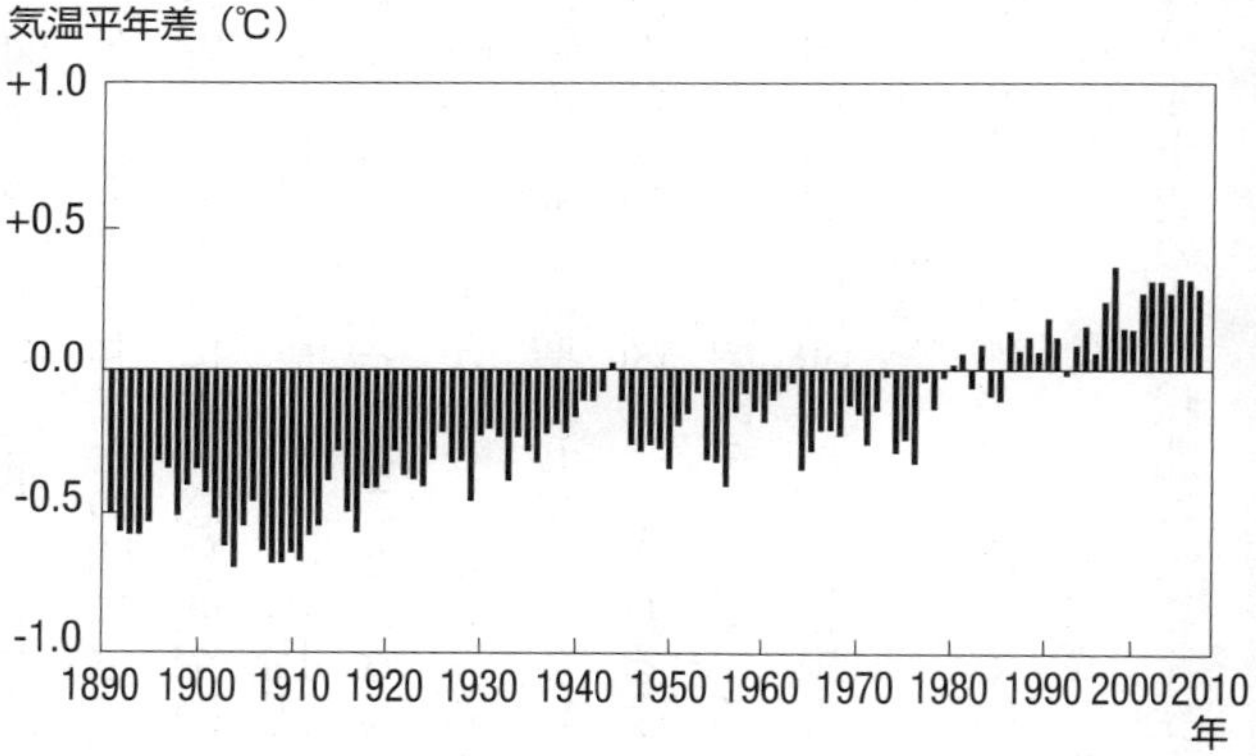


各年の平均気温の平年差（平年値との差）の推移を表わす。
平年値は1971年から2000年までの平均値としている。
（『理科年表2010年版』による）

すでに図18（89ページ）に示したように、太陽活動の活発さを表わす指標である相対黒点数とこの磁場の強さとの間には、相関関係がある。

この磁場は、太陽風により惑星間空間へと伸び広がって作りだされることから、例えばこの磁場の地球公転軌道とその周辺における強さは、相対黒点数の大きさによって変化するものと予想されることになる。

実際に図29に示すように、1880年頃（サイクル12）以後2000年頃に至るまで、この磁場の強さは増加しつづけていたことが明らかである。

この磁場の変動は、図30に示されるように、地球磁気の乱れを示す「ａａ指数」の変動と極めてよい相関関係をもっている。これらは、太陽の外部空間を吹き荒れる太陽風が、図29および図30に示した結果をもたらすように強く関わっているだろうことを示しているのである。

太陽活動の活発さがいかに変化していくかにしたがって、惑星間空間に広がる太陽起源の磁場の強さが変動し、さらにこの変動に強制されて地球磁気の乱れにも変化が生じ、惑星間空間の物理状態は大きく変わることになる。

この惑星間空間の物理状態の変化が、地球の気候の変動に対し大きな影響をもたらすのだと提唱されている宇宙線の振る舞いに、変動を引き起こすのである。

## 太陽活動の変動性と宇宙線の振る舞い

最近の過去１２０年ほどの期間について、地球の大気中へ侵入してくる宇宙線のフラックス（毎秒当たりの侵入量）がどのように推移してきたかについては、前に図24（116ページ）で見たとおりである。

この期間を通じて、この宇宙線のフラックスは、全体としてずっと減少傾向を維持していた。

宇宙線の地球への到来フラックスと太陽活動の活発さとの間には、約1年ほど前者のほうが遅れるが、ほぼ逆相関の関係が成り立つ。この事実は、地球上における宇宙線強度についての連続観測が開始された１９３０年代の終わり頃には、すでに明らかにされていた。

## 図29　太陽活動と太陽起源の磁場との関係

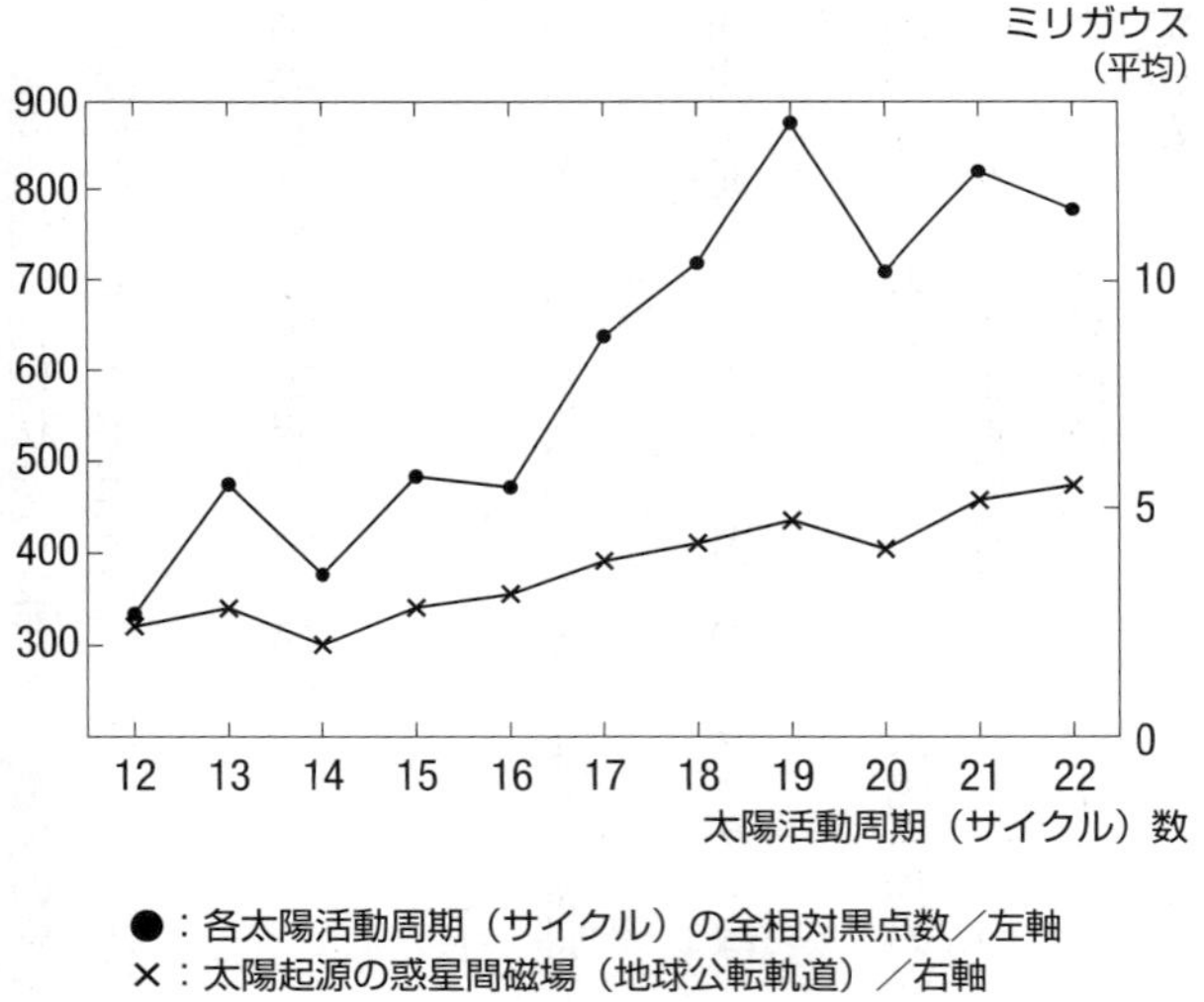


サイクル12開始（1878年）以後における全相対黒点数と太陽起源の磁場の強さ（地球公転軌道における値）の経年変化。磁場の強さは増加しつづけている。

## 図30　地球磁気の乱れと太陽起源の磁場との関係

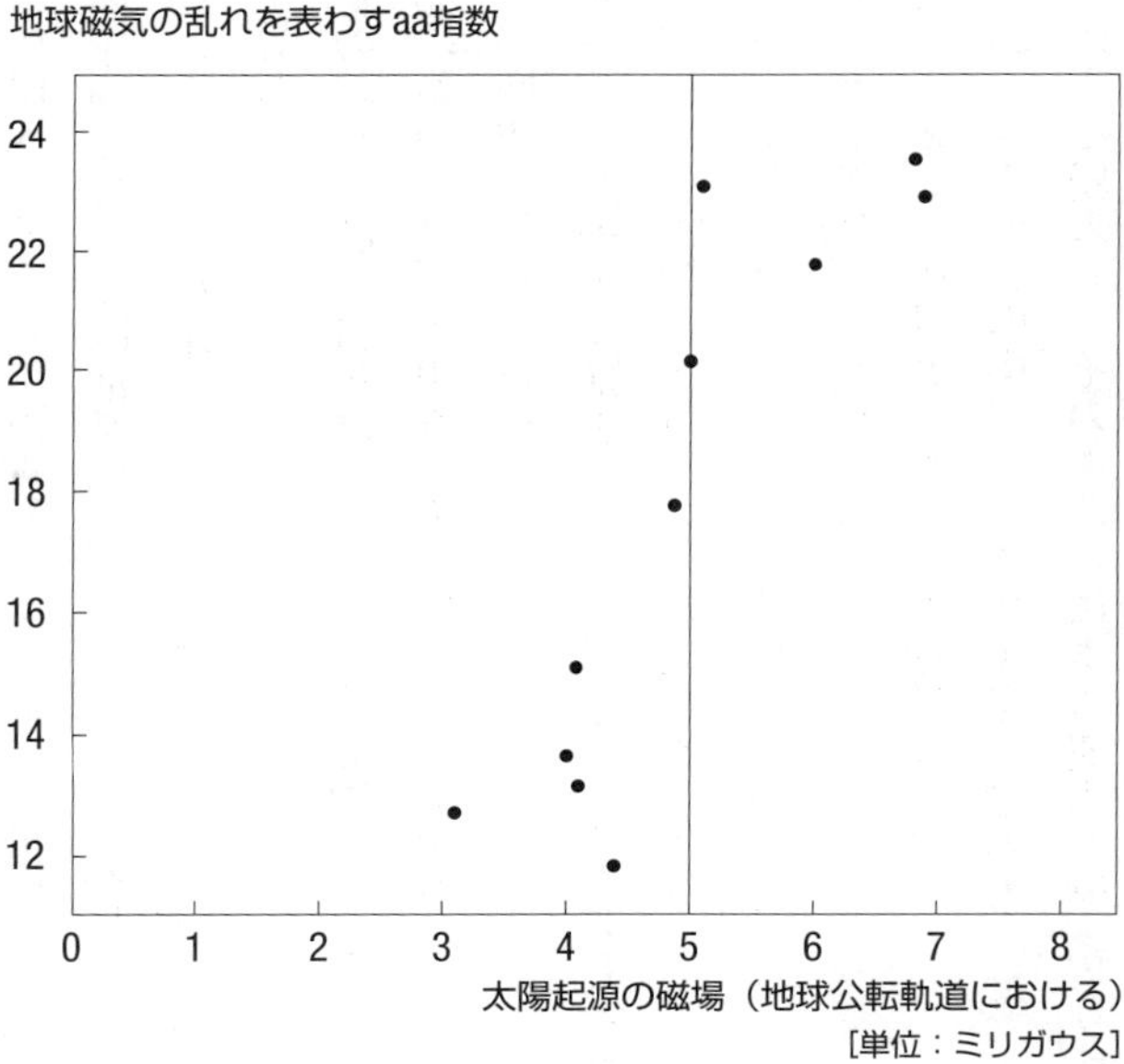


地球磁気の乱れを表わす「aa指数」と太陽起源の磁場の強さとの関係を示したもの。両者は強い相関関係をもっており、太陽起源の磁場に比べて「aa指数」の変動の激しさがよくわかる。

大気中へ侵入してくる宇宙線のフラックスと世界の平均気温の変化との関係を、20世紀全体を通じて、太陽活動周期（サイクル）の番号をつけて示した結果は、前に掲げた図25（117ページ）に示されるように、宇宙線のフラックスの減少につれて、平均気温が上昇している。

20世紀の終わり頃の11年は、太陽活動周期（サイクル）23と表わされるが、そのサイクル23においては、宇宙線の大気中への侵入フラックスは、それまでのサイクルとは違って、増加に転じている。

このサイクル23の太陽活動は、前のサイクル22に比べて、活発さが弱くなっている。この弱化が宇宙線の大気中への侵入量を増加させているのである。

宇宙線は、大気中へ侵入すると、大気中の酸素や窒素の原子核と衝突して破壊し、大量のパイオンや陽子、中性子を作りだす。これらのうち、パイオンは、中性の成分を除きミューオンと呼ばれる粒子へと崩壊する。

これらのミューオンの中で、高エネルギー側の粒子は、高度２０００から３０００メートルにまで侵入し、そのあたりにある窒素や酸素をイオン化する。

これらのイオンは、周囲の空間にあった水蒸気を取り込んで、水滴へと成長していく。つまり、これらのイオンが水蒸気を凝結させる核となって成長し、雲になっていくのである。

図25が示唆する、宇宙線フラックスの減少が平均気温を押し上げているという関係の背景として、このイオン化が関係しているという考え方がある。

宇宙線が大気中で作りだしたミューオンが、大気のイオン化を通じて気候を制御しているのだという〝仮説〟は、今から十数年前に、デンマークのヘンリック・スヴェンスマルク（H. Svensmark）とその協力者たちによって提案されたものだが、当初は研究者の間でも拒絶反応が見られ、受け入れられなかった。

このスヴェンスマルクのアイデアの妥当性については、宇宙線が太陽圏内で、どのような過程を経て地球大気中へと侵入してくるのかが、明らかにされなければならない。

そこで考察の対象となるのが、太陽圏内に広がる太陽起源の磁場である。

宇宙線は、ほぼ完全にイオン化した陽子、ヘリウム、その他の重い原子核からなる粒子群であるが、イオン化して帯電しているために、天の川銀河空間から太陽圏内に侵入してくると、太陽から伸び広がる磁場によって、その運動の方向を曲げられたり、跳ね飛ばされたりして、強い変調作用を受ける。

その結果、地球の周辺にまでたどりつく宇宙線粒子のフラックスは、太陽起源の磁場が強くなると、減少していくのである。図24に示した結果は、この推測が正しいことを明らかにしている。

大気中へと侵入してくる宇宙線の量が減少すれば、必然的に大気下層部における雲の生成率が小さくなると予想される。宇宙線が生成したミューオンの量が少なくなれば、大気中に水滴を生ずる凝結核《ぎょうけつ》の生成効率が必然的に下がり、雲の生成率が下がるというわけである。

大気下層部に生成される雲の量が少なくなれば、太陽から送られてくる電磁放射のエネルギーは、大地や海洋、下層の大気へとよく届き、これらを加熱する効率が上がる。

このことは、宇宙線の大気中への侵入量が減少するにつれて、世界の平均気温が上昇することを裏付けるものである。

宇宙線の地球大気中への侵入量が時間とともにどのように変わっていくかが、地球温暖化にとって本質的なのだというのが、スヴェンスマルクたちの主張したことなのである。

これまで、太陽活動の活発さと世界の平均気温との両者の変動に見られる関係から始まって、地球温暖化の原因がどこにあるかを探ってきたが、私たちが到達したのは、宇宙線が太陽圏内でどのように振る舞うのかに深く関わっているという説だった。

ここまできて初めて、私たちは地球温暖化の本当の原因は何なのかという大きな問題について、さらに考察を進めることができるのである。

## 地球温暖化の真の要因は

すでに何度も述べてきたように、太陽活動は約11年の周期で増減をくり返している。この各周期（サイクル）における、太陽活動の活発さを表わす全相対黒点数の変動と世界の平均気温の変動との関係を図示したものが、前出の図15（83ページ）であった。

これまで述べてきたような、惑星間空間、あるいは太陽圏に広がる太陽起源の磁場の強さと地球の平均気温の関係を図示すると、図31のようになる。

これを見ると、太陽起源の磁場の強さが、〝理由はさておいて〟地球温暖化を引き起こす原因となっているかもしれないと考えられてくる。

あるいは、前出の図30から明らかなように、この太陽起源の磁場の強さは、「ａａ指数」の変動からわかるように地球磁気の乱れの大きさに影響しているので、この磁気の乱れが地球温暖化を引き起こしているのだという見方も成り立つ。

１９７５年以後における世界の平均気温の変動を見ると、図32に示すように２０００年頃から後は、この平均気温の上昇は止まっているように見える。

太陽活動の活発さは、相対黒点数に反映されているが、この活発さは太陽活動周期（サイクル）19において極大に達し、それ以後は停滞しているというよりは、少しずつ減少の傾向を示しているといってよい。

世界の平均気温の上昇も、サイクル16以降、少し停滞気味で、あまり大きな上昇は示していない。

今まで述べてきたことをまとめてみると、太陽活動の活発さが、何らかの機構を通じて世界の気温変化、言い換えれば地球温暖化を究極的には引き起こしていることを、強く示唆している。

この太陽活動の活発さの変動は、太陽圏内の磁場の強さに変動をもたらし、その結果、地球大気中へと侵入してくる宇宙線の量（フラックス）にも影響し、下層大気中における雲の生成を左右するようになる。

こうした一連のできごとが、太陽活動の長期的な変動を通じて誘発され、地球温暖化にまで影響を及ぼすことになるのだと推論される。

このように、太陽活動の指標を決める黒点や黒点群の太陽面上における発生頻度が太陽圏内の磁場の強さやパターンの変動に因果的に関わり、宇宙線の地球大気中への侵入の効率にまで影響し、最終的に気候変動を引き起こすことになるのである。

## 図31　太陽起源の磁場の強さと気温との関係

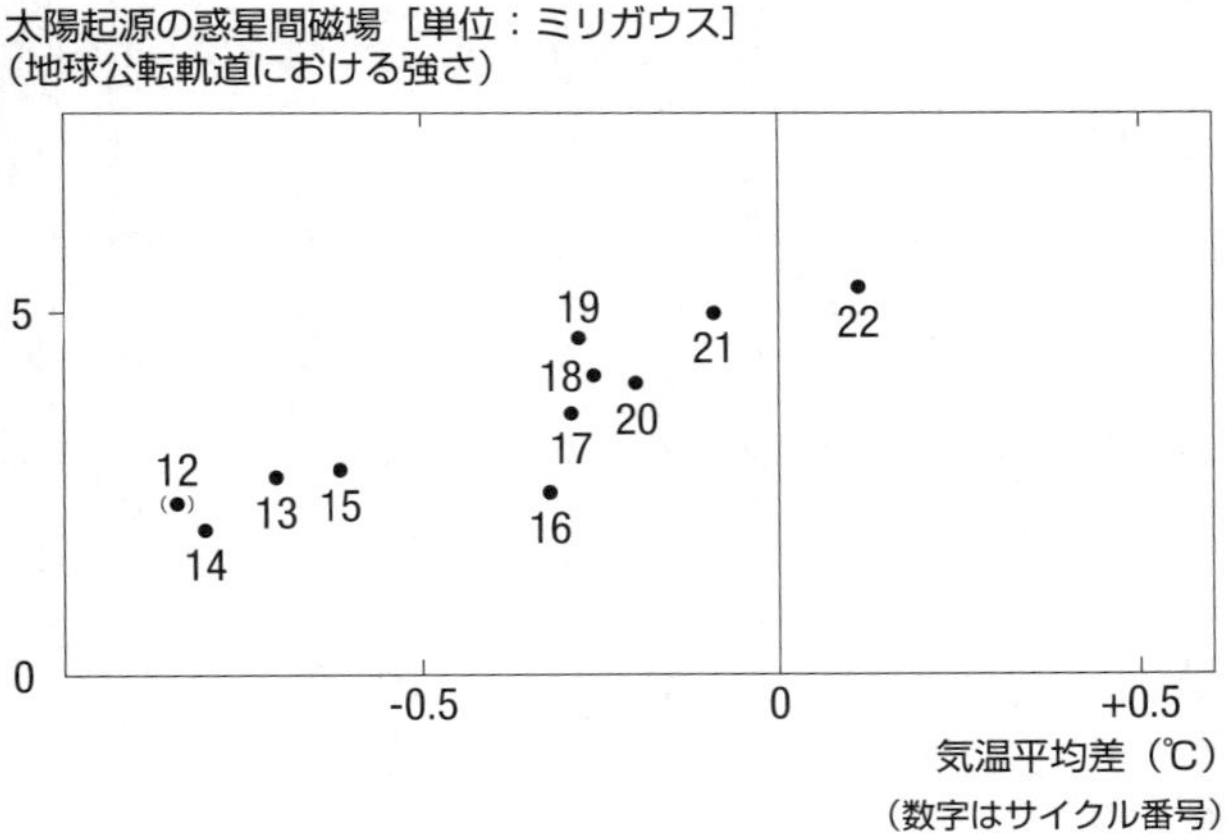


太陽起源の磁場の強さと世界の気温の平年差との関係を示したもの。磁場が強くなるとともに気温が上昇していることが見てとれる。

## 図32　世界の平均気温

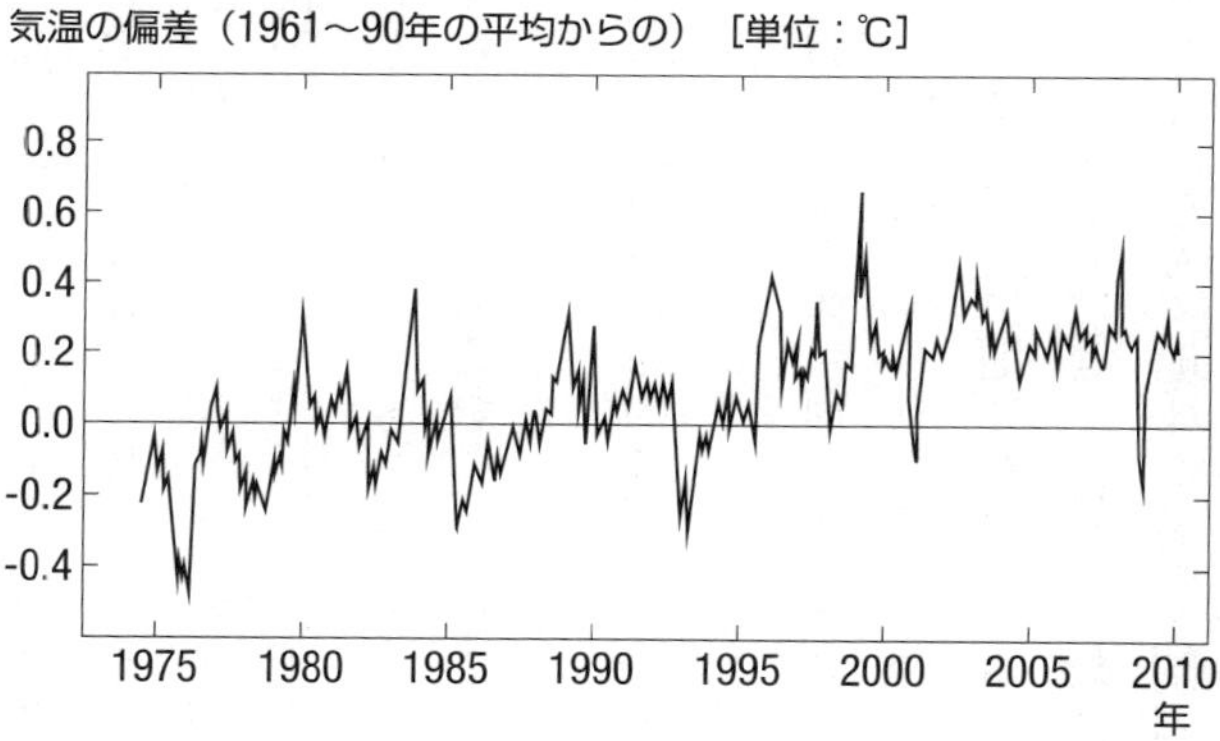


1975年以後の世界の平均気温の変動を示したグラフ(R.A.Kerr,2010による)。1999年からは気温の上昇が止まり、停滞状態にあることがわかる。

人類の産業活動による炭酸ガス（$CO_2$）の大気中への蓄積が、気候温暖化の原因だと、現在多くの人々によって主張されている。

しかし、炭酸ガスの大気中に占める割合は０・０４パーセント程度であり、水蒸気の温暖化効果のほうが格段に影響が大きいこと、そして、太陽から地球に送り届けられる電磁放射エネルギー量の増加が、過去１２０年余りを通じて０・２パーセント程度にすぎないことを考えれば、地球の気温上昇を説明することは到底できないであろう。

地球温暖化の究極の原因は、今まで述べてきたことから明らかなように、太陽本体の変動にある。

そのため、太陽本体に何らかの異変が生じ、太陽活動が異常に弱まり、もし今後、マウンダー極小期に見られたような無黒点期が起こる事態が生じれば、地球温暖化は止まってしまい、逆に地球寒冷化の事態が起こると考えられる。

マウンダー極小期には、相対黒点数は年平均値で、せいぜい20から30という低い値であったことからも、地球の気候を制御しているのが太陽活動の活発さにあるのだということになれば、将来気候の寒冷化の時代がこないのだと断言することはできないはずである。

現在、太陽活動は極端に弱まっており、２００５年頃からは、「無黒点期」といってよいような状況が続いている。この状況が今後10年、20年と続くようなことがあれば、地球寒冷化の時代に、私たち、そして私たちの子孫は直面することになるかもしれない。

太陽の現在の姿を直視し、地球環境の近未来について予測されることがらについて概観しておくことは極めて大切なことである。

## 第５章
# 「眠りについた太陽」の今後は

## 温暖化が止まった――2000年頃以降における世界の気温変化

通常であれば、太陽活動周期（サイクル）24は、2007年には開始しているはずである。だとすれば、この年以降、相対黒点数の年平均値が急激に増加しているはずなのだが、まだ増加は始まっていない。

本書を執筆している2010年になっても、相対黒点数が増加に向かう徴候は見られない。

同年春にアメリカのマイアミで開かれたアメリカ天文学会におけるある研究発表では、同年2月になってようやくサイクル24が開始したのではないかと指摘されている。

もしそうであっても、サイクル23が異常に長く、14年にわたっていることから、このサイクル23においては、総相対黒点数がサイクル20（64ページ図8参照）に似て小さく、太陽活動が全体的に見て不活発であったことを示している。

次のサイクル24において、サイクル21や22のように、総相対黒点数が大きくならないという事態が生じたならば、太陽活動は衰退期に入ったのだと結論できることになろう。

そして、無黒点期と呼ばれたマウンダー極小期に見られたように、太陽活動が極端に衰退したまま推移すれば、地球の温暖化は止まり、寒冷化に突入する可能性もある。

図32に示したように、実際に世界の平均気温は、２０００年以降、上昇の傾向を見せてはいない。

つまり、気候の温暖化は21世紀に入って以後止まってしまったように見えるし、他方で、太陽活動の活発さは衰退の徴候を見せているのである。

私は以前、サイクル20の各年における太陽の自転速度の経年変化について、アメリカのウィルソン天文台で得られた観測結果を利用して調べたことがある。

「まえがき」でも書いたが、その結果に基づいて私は短い研究論文を作り、国際的に評価の高いイギリスの科学誌「ネイチャー（NATURE）」に投稿した。

この論文は１９７７年９月29日号に掲載されたのだが、論文中で予測した気候の寒冷化は、1980年代、90年代を通じて起こらず、21世紀に入ってからも起こらなかった。私の予測は完全に誤っていたのであった。

あれから30年以上経って、私は再び太陽活動の変動が今後どのように推移すると予想されるかについてふれるのだが、先に書いたように一度失敗していることから、この予想にはある種の決断が必要であった。

だが、この決断に当たって有力な手がかりを与えてくれたのが、サイクル23の太陽活動に見られる活発さの停滞傾向であり、さらにサイクル24の開始が遅れていることである。これらのことから、この停滞傾向が今後もずっと続くのではないかとの見通しが立つ。

この見通しが誤っておらず、実際に太陽活動の著しい衰退が今後ずっと続き、マウンダー極小期のような無黒点期が再来するような事態となれば、地球寒冷化は必然的に招来されることになる。

## 太陽活動の最近の動きからの予測

このように現在は、太陽活動が極度に衰退しており、太陽面に黒点や黒点群がほとんど観測されない日々が続いている。

太陽面に黒点群の発生が見られないことは、太陽の外縁に広がるコロナから溢れだして外部空間へと流れだしていく太陽風の勢いが弱くなっていることにつながる。その結果、太陽風が太陽圏へと運び出す、惑星間空間の磁場が弱くなってしまう。当然のことながら、太陽圏の大きさも、太陽風により作りだされる外向きのガス圧が下がるために、少しだが小さくなる。

太陽圏内の磁場の強さが小さくなり、太陽圏の大きさが縮むと、天の川銀河の空間から太陽圏に侵入してくる宇宙線の量が増え、地球周辺に到来する宇宙線の強さも大きくなる。

これら宇宙線の一部は地球大気中へも侵入してくるが、その強さも当然のことながら大きくなるので、大気中で生成されるミューオンの量も増える。大気のイオン化の効率が結果として高くなり、大気中に存在する水蒸気と、イオン化されたガスとの凝結の割合が大きくなる。

このことは大気中、特に、その下層部における雲の生成の割合が増えることを意味する。

雲、すなわち水蒸気は温暖化物質であるから、地球の大気が雲で覆われるようになれば、地球温暖化が加速度的に進むようになると考えたくなるが、実はそうではなく、太陽から送り届けられる電磁放射エネルギーのかなりの部分を雲の上面で反射して、大地や大気の加熱が進まないようにしてしまうのである。

このようなわけで、大気中への宇宙線の侵入量が著しく減少した太陽活動周期（サイクル）19以降、つまり1960年頃から後になると、世界の平均気温は年とともに増加していっているのである。

サイクル23に入ると、太陽活動は衰退へと移行し、それとともに世界の平均気温も1999年から2000年頃を境に上昇を止めている。

太陽活動の極端な衰退により、宇宙線の地球大気中への侵入量が増加に転じ、それにともなって、世界の平均気温の増加傾向は抑えられ、図32に示されているように、ここ10年ほどの間、世界の平均気温は上がっていない。

図32に示した世界の気温変動について、１９９９年以後のデータを統計数字の知識を利用して分析した人々の中には、世界の平均気温の上昇傾向が終息しただけでなく、世界の平均気温は低下に向かうのではないかと予測する向きもある。

今後の数年に対しては、太陽活動の活発さ、言い換えれば相対黒点数がどのように推移するのかについて観測を通じて明らかにし、この活発さと地球環境の物理状態、特に、世界の平均気温との関係を確立せねばならない。

このような研究を通じて私たちは、太陽活動の変動性が地球の温暖化、あるいは寒冷化といかに因果的に関わりあっているのかについて、解き明かせるのである。

前章において、地球環境を究極的に制御しているのは、太陽活動の活発さ、言い換えれば相対黒点数に反映される太陽面上の黒点活動であり、これが太陽圏から惑星間空間に広がる太陽起源の磁場の強さを究極的に決定し、太陽圏内における宇宙線の振る舞いを一義的に決めてしまうと述べた。

つまり、地球温暖化も、その逆の寒冷化も、究極的に太陽面上における黒点活動の変動によって決まってしまう、というのが今まで語ってきた、太陽、太陽圏そして地球環境の三者の間に見られた相互の関わりについての解析結果から導かれた結論なのである。

炭酸ガス（$CO_2$）は確かに温暖化物質なのだから、大気中への蓄積量を増やさないように努力するのは当然なのだが、この蓄積量の増加（130ページ図27）が、地球温暖化の主な原因であるとは結論できない。

この図27には1990年までの観測結果しか示されていないが、その後もこのジグザグ曲線をそのまま延長した伸び率で推移している。炭酸ガス（$CO_2$）が温暖化の原因ならば、気温も同じように上昇しつづけるはずであるが、2000年以後は図32に示した結果とは全然合っていない。

この不一致について地球温暖化が大気中への炭酸ガス（$CO_2$）の蓄積量の増加だと主張する人々は、いかなる合理的な説明を与えるのだろうか。

## 太陽が休眠状態となれば、温暖化が止まる

これまでも述べたように、太陽活動すなわち相対黒点数の年平均値は、大体11年の周期で増減をくり返している。

この周期が11年よりも長くなると、その太陽活動周期（サイクル）の全相対黒点数は小さくなる傾向があり、逆に11年より短くなると、太陽活動は活発となり、全相対黒点数が増加する。このような傾向は、すでに多くの研究結果からも確かめられている。

太陽活動周期（サイクル）23がいつ終息したのかは、57ページ図６に示した結果からはわからないが、このサイクルの太陽活動の活発さが前２つのサイクル21、22にくらべて、少しだけ下がっていることは56ページ図５からも明らかである。

本来ならば、太陽活動は現在、極大期を迎えているはずであり、相対黒点数の年平均値は、その周期の中でいちばん大きくなっていなければならない。

しかし、２０１０年においても、この数は平均して10にも達しないような小さい値

にとどまっている。

さらに注目すべきことは、太陽活動が今後活発化に向かうだろうという徴候が、今までのところまったく見えないということである。２０１０年2月にアメリカの天文学会で、太陽活動の活発化への動きが見られるとする研究発表がなされたが、この活発さが急上昇していることを示したわけではない。

また最近では、地球大気中へ侵入してくる宇宙線の量の急増が見られ、惑星間空間に広がる太陽起源の磁場の強さが減少していっていることがわかる。このことも、太陽活動が衰退していることの強力な証拠である。

太陽活動の最近の変動についての、こうしたいろいろな方面の研究結果は、太陽活動が衰退に向かっていることを示している。

その結果、太陽面に黒点や黒点群がほとんど発生しない日々が増加し、太陽活動は、マウンダー極小期のような無黒点期に突入していくのではないかと危惧《きぐ》されているのである。

このような状態にある太陽を、私は〝休眠状態寸前〟の太陽と呼んでいる。

現在、地球温暖化がしきりに叫ばれるが、データを見れば、世界の平均気温は、ほぼ止まっている。本当に太陽が休眠状態に入ってしまえば、気温はむしろ下降しはじめるのではないかと、必然的に予想されることになる。

もしこのような状態がつづけば、地球は確実に「寒冷化」するのである。

もちろん、このような予測が正しいかどうかを検証するためには、２０１５年から２０２０年頃にかけての太陽活動がどのような状態になるかを見届けなければならない。

一方で、現在、太陽活動が衰退した状態にあることは事実なので、将来起こるかもしれない最悪の事態に対処できるように、地球に住む私たち一人ひとりが、自分の生き様を考えていかなければならないのである。

第１章で述べたとおり、17世紀半ばから18世紀初めにかけて約70年間続いたマウンダー極小期は、気候が寒冷化し、世界的に農業生産力が減退、人々は飢餓に苦しみ、ヨーロッパ諸国ではペストの流行にも苛《さいな》まれた時代であった。

現在では、世界の人口はすでに68億を突破し、その１割以上が貧しい生活で食糧にも困る生活を送っている。地球が寒冷化し、どこか一部の地域でも農業生産力が著しく減退するようなことがあれば、地球上の文明は壊滅的なダメージを受ける可能性がある。

現在、太陽活動の衰退が最も厳しい時期が、2015年に到来するという予測も出されており、研究者によっては、小氷河期が再来するかもしれないとさえ発言している者もいる。

我が国のように食糧自給率がやっと40パーセント程度の国では、世界の農業生産力が壊滅的な打撃を受ければ、その影響が甚大なことは間違いない。そのとき、日本の為政者は、いったいどのような対策で、この国の人々の生活を支えようというのであろうか。

現状では、IPCCを含めて、日本の国家、マスコミもこうした事実を伝えることをしていない。なぜ、事実を隠蔽《いんぺい》してまで、地球温暖化とその原因が炭酸ガス（$CO_2$）であると主張しつづけるのだろうか。

2009年8月、あるテレビ番組に出演した際、太陽活動についての研究結果から予想される今後の気候について、先に記したような内容を述べたのだが、私が昔働いていたＮＡＳＡゴダード宇宙飛行センターに所属するある科学者が、同じ番組のインタビューの中で、小氷河期がくるだろうと語っていた。

ここまできつい発言は、さすがに私にはできなかったのだが、このような見方をしている科学者もいるのだと、その大胆さに驚いたのだった。

今後の10年については、太陽活動の変動について、その詳細な観測を通じて、気候変動に対する影響を検証していく必要があることをここで強調しておきたい。

## 太陽エネルギーの起源――私たちを生かす特別な星

太陽が私たちに恵みをもたらす存在であることを知らない者は、一人としていないであろう。だが実際に、どのような恵みをもたらすのかを知っている人は少ない。

最後に、太陽とはどのような天体であるのかについて簡単にふれておこう。

冒頭の質問、太陽が私たちにどのような恵みをもたらしているのか、とたずねられたとき、多くの人の頭に浮かぶのは、私たちの住む地球に光と熱を与えてくれるということだろう。

これは、正しい答えではない。

光も熱もエネルギーであり、その呼び方が違うだけなのだが、光は太陽から送られてくる電磁エネルギーである一方で、熱は太陽から送られてくるわけではない。

こんなことを言うと、日光を浴びたら温かく感じるのはなぜなのだとお叱りを受けそうだが、太陽から熱は送られてこない。届くのは、太陽から光が運んでくるエネルギーだけである。

日光を浴びて私たちが温かく感じるのは、私たちの皮下に存在する脂肪やタンパク質などの分子が、光のエネルギーを吸収して、熱運動と呼ばれる運動をこれらの分子に引き起こし、それが「温かく」感じられるのである。

この光エネルギーは、究極的には太陽のどこからくるのであろうか。太陽を眺めれば、光球と呼ばれる光り輝いた球が見えるから、このエネルギーは光球から放射された電磁波（光もその一種である）からなることがわかる。

図33　太陽の内部構造

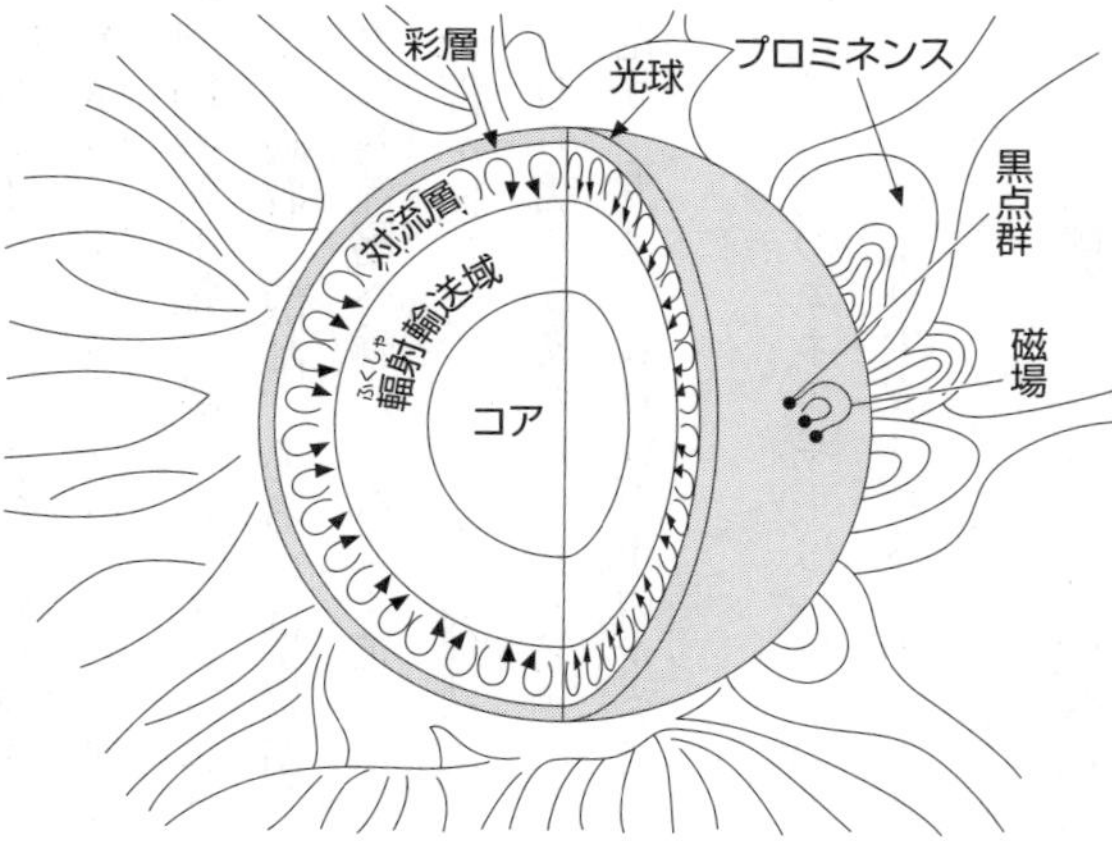


では、太陽の光球面の内部がどのような構造になっているかというと、図33に示すように、光球直下には対流層と呼ばれるガス層が広がり、その内部には、輻《ふく》射《しゃ》輸送域と呼ばれる領域、さらにその中心部にはコア（核）と呼ばれる領域が存在する。輻射は光エネルギーを表わす。

太陽の光球面上に黒点や黒点群を生みだすのは、対流層内に存在する経度方向に伸びる磁力線で、これらが差動回転によって作りだされることは第3章で述べたとおりである。109ページ図22で示したように、この回転は赤道を挟んだ両半球にほぼ対称となるように広がっている。

対流層内では、ガスの流れが作る対流によって、エネルギーは比較的効率よく、内部から光球面に向かってガスとともに運ばれる。

その内側の輻射輸送域では、光エネルギー、つまり輻射は、そこにあるガス物質と出会って、吸収、散乱、あるいは再放射というミクロな過程を頻繁にくり返しながら、徐々に対流層へ輸送されてくる。

この過程を通じて、コアから対流層の下端部にまで光エネルギーが到達するのには、１０００万年かそれ以上かかるものと、理論的に見積もられている。私たちの目に届く光は、実は１０００万年以上も昔に太陽の中心部で作られた光の〝末裔《まつえい》〟なのである。

現在、この光のエネルギーは、コアの内部で起きている熱核融合反応（陽子・陽子連鎖反応という）により生成されるものと考えられている。コアの内部には水素の原子核$^{1}$H（陽子）が大量にあるのだが、それが4個、順々に融合されてヘリウム核（$^{4}$He）１個を作っていく（図34）。これが熱核融合反応である。

ヘリウム核は、陽子と中性子がそれぞれ2個ずつで形成する原子核だが、陽子４個

## 図34　太陽のエネルギー源——熱核融合反応

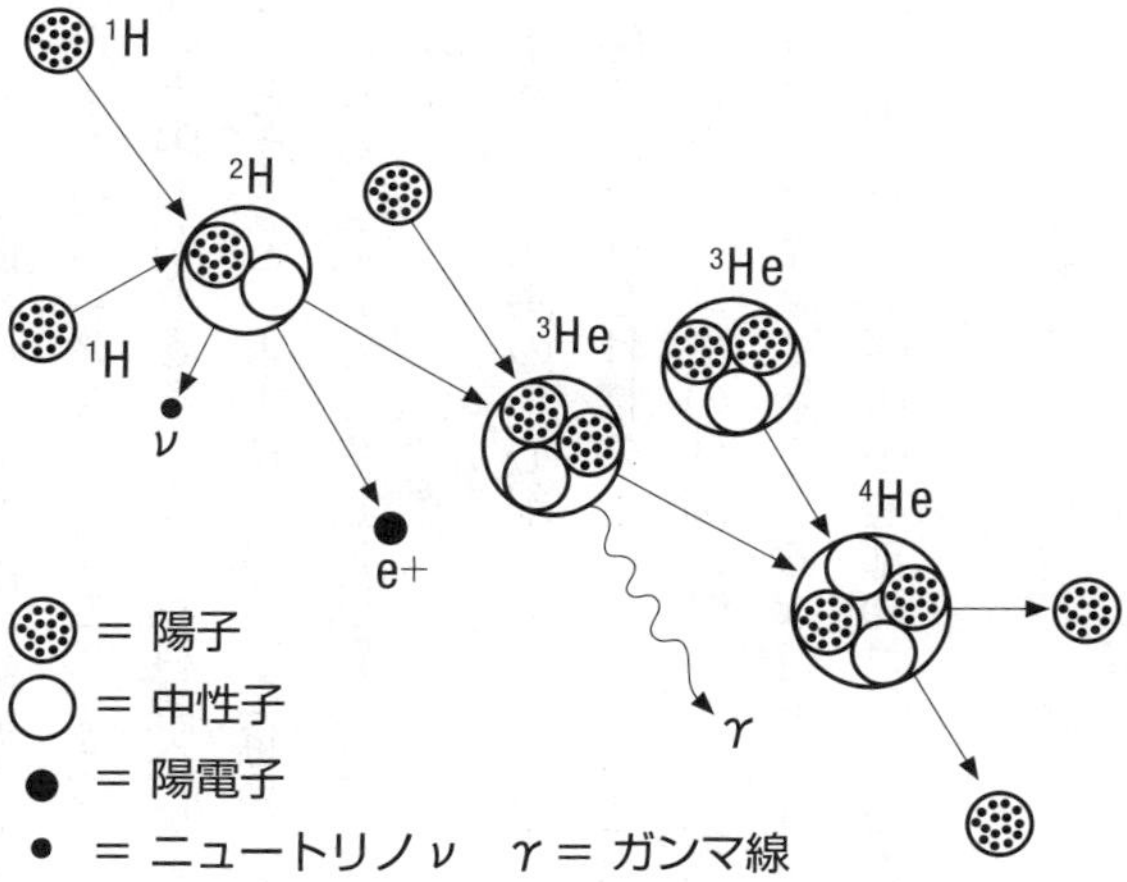


太陽の中心部（コア）で進む熱核融合反応。この反応は、陽子・陽子連鎖反応と呼ばれているもので、陽子（$^{1}$H）4個が順次融合されて、最終的にヘリウム核（$^{4}$He）が合成される。この合成により失われた質量が、光エネルギーに変換されて太陽の熱源となる。

がヘリウム核1個を合成する際に解放された原子核エネルギー（図のγ）が、実は太陽を輝かす究極のエネルギー源なのである。

現在の太陽の明るさを、この熱核融合反応を通じて解放された原子核エネルギーでまかなうとすると、水素核（陽子）を毎秒ごとにほぼ6億5000万トン消費していることになる。これだけ大量に消費していても、太陽は100億年は十分に存続できるのである。

このように、太陽の中心部にあるコアは、現在フランスに建設中の国際研究機構による核融合炉と同じ性格のものだということになる。

太陽の場合は、コアの外部に厚い輻射輸送域と対流層がコアを覆うように存在するので、コアが爆発して暴走するなどという事態は起こらない。

図34に示した、太陽の中心部のコア内で進む陽子・陽子連鎖反応を式で表わすと、

$$4{}^{1}_{1}H \rightarrow {}^{4}_{2}He + 2e^{+} + 2\nu e + \gamma$$

となる。$\gamma$が解放された原子核エネルギーである。$^{1}_{1}H$と$^{4}_{2}He$はそれぞれ水素核（陽子）、ヘリウム核を示す。$e^{+}$、$\nu e$はそれぞれ陽電子、電子ニュートリノである。

この電子ニュートリノが、毎秒当たりどれほどの数が地球に届いているのかについて、世界で初めて測定しようとの野心的な試みを実行したのが、アメリカのレイ・デーヴィスであった。

彼やその他の世界中の多くの研究者の努力により、現在では、太陽のエネルギー源の詳細が突きとめられたものと考えられている。

これらの人々の努力の結果、太陽の中心部のコアで起きている陽子・陽子連鎖反応と呼ばれる過程が、太陽のエネルギー源であることが実証されたのであった。

デーヴィスは、この仕事により、２００２年にノーベル物理学賞に輝いた。その時、彼はすでにアルツハイマー病にかかっており、この受賞について知ることはなかった。２年後の２００４年に彼は逝ったのであった。学会などで会ったとき、彼がいつも大きな身体を傾けるようにして語りかけてくれたことが、私にとっては何よりも嬉しい思い出である。

先に述べたように、毎秒当たり6億5000万トンほどの水素核を消費することよって解放されたエネルギー（γ）は、ほぼ4×$10^{26}$ワットの出力となることが明らかにされている。

この原子核エネルギーが、光球面まで輸送されてきて、光エネルギーとして外部の空間へと放射され、その一部が地球に取り込まれて、現在見られるような地球環境を作りだしているのである。

このような次第で、太陽は私たちにとってかけがえのない存在なのである。この太陽が、今まで述べてきたように、太陽活動という太陽内部で起こっている磁気の変動を通じて、地球環境に大きな影響を与えている。

それにより、地球の気候にも大きな変動が引き起こされ、私たち人類が築いてきた文明の進展を左右するような大きな力を及ぼすことがあるのである。

前にふれたマウンダー極小期の時代には、太陽には黒点が形成されない、いわゆる無黒点期が訪れていた。

第1章でも見たように、この無黒点期は、ニュートン、デカルト、パスカルほか幾多の天才たちが現われ、現代までの知的伝統を形作ることになった科学革命の時代であった。また、ジョン・ロック、ベンタム（ベンサム）、グロチウスなど、近代国家をもたらすことになった思想家が多く現われた。他方で、人々の多くが飢餓とペストの流行に苦しんだ時代でもあった。

眠りについたかに見える現在の太陽の動きが、新しい無黒点期を導くような事態をもたらすことになるのだとしたら、人類の文明に、今度はどのような影響をもたらすことになるのであろうか。

エピローグ

# 小氷河期がきたら私たちはどうなるか

## 現実となる地球寒冷化

現在、太陽はその活動が極端に衰退した状態にあり、〝無黒点期〟の再来かと危惧されるような姿を示している。研究者によっては、13世紀半ばから1850年頃まで続いた「小氷河期」が再来するかもしれないと予測する向きもある。

実際、本書で見てきたように、太陽圏に広がる太陽起源の磁場の強さが弱まっており、地球大気中へと侵入してくる宇宙線の量がすでに増加しはじめている。この宇宙線は、大気のイオン化を通じて、その下層領域における雲の生成に関わり、この下層雲は気候寒冷化の原因となると考えられている。

すなわち、今後、地球の気候が寒冷化するという予測が、説得力をもって迫ってくる。

このようにいうと、まさに本書を執筆している2010年夏の猛暑をどう説明するのだと指摘されるかもしれない。

太陽活動の衰退に伴う、日本付近の気圧配置における長期的な変動について見ると、一般的に次のようにいえる。

太陽活動が非常に弱い状態、言い換えれば無黒点期のような状況下では、太平洋高気圧の発達は一年を通して弱く、したがって暑い夏にはならないものと予想される。

こうした予想に反し、２０１０年夏の日本列島は、異常ともいえるような事態が発生し、全国で猛暑日が頻繁に発生している。

この猛暑の原因すらも、いわゆる「温暖化」の影響にされかねないのだが、本当の原因はどこにあるのだろうか。

太陽活動が極端に弱まってしまっているのに、太平洋高気圧が異常に強く、大きく発達しているのは、太陽活動の挙動には関係のないところに、その原因を求めなければいけないことを示唆している。

日本の周辺の気候については、夏の太平洋高気圧と冬のシベリア高気圧の2つが絡んで変動を引き起こしている。冬は、冷たいシベリアの大地の上空で高気圧が発達、いわゆるシベリア高気圧の発達により、日本には強い寒気が流れ込む。夏には、太平洋高気圧が発達することで、晴れの日が続き気温の上昇をもたらす。

太陽活動が極めて活発な時期には、シベリアから東ヨーロッパにわたる大陸では、雲の形成が抑えられ、大気が暖められて上昇し、一部は相対的に気温の低い太平洋上空へと下降してくる。これにより太平洋高気圧の発達が引き起こされるのである。

しかし現在、太陽活動は弱まっているのだから、これは当てはまらない。

私は、2010年の日本列島のほぼ全域にわたる異常な暑さは、シベリアからヨーロッパにわたる広大な領域が砂漠化していることが原因ではないかと考えている。砂漠では、雨は降りにくく、かつ気温が上昇しやすい。

太陽放射により強く加熱された大気は、上昇した後に、その大部分が太平洋上空で冷やされて降下し、太平洋高気圧を強化する。その結果として、日本列島全体に猛烈に暑い夏を引き起こしているのではないだろうか。

つまり、先に見た、太陽活動による雲の形成への影響とは無関係なところに、原因はあると考えられるのである。

いずれにせよ、たしかに、世界の平均気温は20世紀を通じて上昇しつづけてきたが、1999年以後は停滞しており、ほぼ同じ水準で推移している。

この結果は、温暖化を主張する人々、特に「気候変動に関する政府間パネル（ＩＰＣＣ）」による予測から外れている。

そうであるならば、その理由が彼らから明らかにされてしかるべきだが、このパネルの総裁（Chairman）であるラジエンドラ・パチャウリ（R. Pachauri）は、「タイム（TIME）」誌によるインタビューで、その返答に窮している（「TIME」２００８年11月24日号を参照）。

「クライメートゲート事件（Climategate Affair）」と呼ばれる、ＩＰＣＣが地球温暖化の原因を炭酸ガス（$CO_2$）に押し付けてしまおうとしたことを疑わせるメールが出回った出来事については本文でもふれた。

こうしたいわば、鉄面皮で不公正なプロパガンダ（あえて言う）の先陣に立った人たちは、現在も沈黙を守ったままなのだが、今後の気候変動が寒冷化に向かうような事態が生じたら、彼らは研究者としてどのような弁明をするつもりなのだろうか。

現在のような太陽活動が極端に衰退した状態が、今後20年、30年と続くようなことがあれば、地球は温暖化どころか、寒冷化に転じるであろう。

## 太陽活動の予測の難しさ

もちろん、これは予測である。本書の冒頭に記した1977年に「ネイチャー（NATURE）」に出した論文における私の予測が失敗したように、気候の寒冷化は起こらないかもしれない。

言い訳のようであるが、太陽活動について長期予測を行なうことは極めて難しいのである。

先の論文が出た3年後には、太陽活動の活発さは極大に達し、私の予測をあざ笑うかのようであった。研究仲間から、からかいの言葉や失笑を買った記憶は、今でも忘れられずにいる。

こんな経験をもっているのにもかかわらず、現在進行しつつある、太陽に見られる異変については、黙って見過ごすわけにはいかなかった。

太陽物理学とその周辺分野の研究を続けて50年余りになるが、太陽が〝休眠期〟に入ってしまったかのような姿を見せるのは、今度が初めてのことである。これは私にとっても初めての経験なのだ。

このようなことがあり、最近の過去100年余りの期間について、太陽活動の活発さの変動、太陽起源の磁場の太陽圏への広がり、地球磁気変動の特徴と宇宙線の大気中への侵入量の変動などの観測結果について、詳しく調べてみた。

これらの結果は、たくさんの図とともに、本文中で説明したとおりである。

その結果、到達した結論は、次に示すようなものである。

過去100年余りにわたって地球温暖化を引き起こしてきたのは、太陽面に発生、成長していく黒点や黒点群の発生頻度の変動性である。この変動性は太陽圏に広がる太陽起源の磁場の強さと形状の変動にその影響をおよぼし、地球大気中へと侵入してくる宇宙線の量にも、変動を引き起こす。

その結果、宇宙線による大気の下層部のイオン化の状態が変化し、下層雲の生成率にその影響が現われる。この雲の生成率の変動が、全世界的な気候の変動を引き起こすのである。

図25（117ページ）に示した結果に、この気候変動に果たす宇宙線の役割が間接的な

から見て取れるはずである。

人類が排出する炭酸ガス（$CO_2$）の大気中への蓄積が、地球温暖化の主たる原因であるとする大方の見解について、私たちはあらためて見直すべき時期にきているのだといえよう。ＩＰＣＣは、先の事件を含めて、適切な説明をするべきである。

この本で今まで述べてきたことがらから推測される最悪の事態は、地球環境が今後数十年にわたって寒冷化してしまうことである。

太陽活動が活発さを取り戻さず、ほぼ11年の周期でくり返すいわゆる活動周期（サイクル）が回復されないまま、無黒点期かそれに近い状態になってしまったら、地球環境には、その影響が必然的に現われるはずである。

そうなれば、地球大気の大循環の様相が変わり、地球を取り巻く極《きょく》前線（中緯度域にみられる寒冷気団と熱帯気団との間に生じる前線）の位置も、四季を通じて場所が移動し、気象にも大きな変動を引き起こす可能性がある。

もしこのような事態に立ち至れば、世界の穀物地帯や漁場の位置も変動するなど影響が及ぶだろう。人類は食糧危機に直面し、現在68億を超える地球上の人々のさらに多くが飢餓状態に陥る可能性がある。

我が国のように食糧自給率の低い国は、その影響を真っ先に受け、国家としての存立すら危ぶまれるような事態が生じるかもしれない。

いささか〝非科学的〟な物言いになってしまうかもしれないが、私はその原因に人類の態度があるように感じられる。

太陽の恵みを受けて、地球環境が今日見られるような姿となっていることを完全に忘れてしまい、地球とその歴史を支配するのは人類なのだと考えてしまった尊大さと傲慢《ごうまん》さに対して、太陽からしっぺ返しを浴びるのだ――私にはそのように感じられてならないのである。

太陽が地球に作り出してくれた環境条件に対し、私たちは謙虚になり、感謝すること、これが太陽の〝怒り〟を鎮め、いつもの太陽に戻ることを太陽に〝決心〟させることになるのかもしれないと、私は考えてみる。

古代文明に生きた人々は、太陽を神として崇拝し、その恩恵に感謝しながら日々を過ごした。私たち現代人も、そのことをあらためて思い出し、太陽に対する心からの

〝感謝〟を表わしながら、将来を見つめようではないか。

切りとり線

★読者のみなさまにお願い

この本をお読みになって、どんな感想をお持ちでしょうか。祥伝社のホームページから書評をお送りいただけたら、ありがたく存じます。今後の企画の参考にさせていただきます。また、次ページの原稿用紙を切り取り、左記まで郵送していただいても結構です。

お寄せいただいた書評は、ご了解のうえ新聞・雑誌などを通じて紹介させていただくこともあります。採用の場合は、特製図書カードを差しあげます。

なお、ご記入いただいたお名前、ご住所、ご連絡先等は、書評紹介の事前了解、謝礼のお届け以外の目的で利用することはありません。また、それらの情報を6カ月を超えて保管することもありません。

〒101－8701（お手紙は郵便番号だけで届きます）
祥伝社新書編集部
電話03（3265）2310
祥伝社ホームページ　http://www.shodensha.co.jp/bookreview/

★本書の購買動機（新聞名か雑誌名、あるいは○をつけてください）

| | | | | | |
|---|---|---|---|---|---|
| ＿＿＿＿新聞の広告を見て | ＿＿＿＿誌の広告を見て | ＿＿＿＿新聞の書評を見て | ＿＿＿＿誌の書評を見て | 書店で見かけて | 知人のすすめで |

★100字書評……眠りにつく太陽

名前

住所

年齢

職業

桜井邦朋　さくらい・くにとも

昭和8年生まれ。神奈川大学名誉教授。理学博士。京都大学理学部卒。京大助教授を経て、昭和43年、NASAに招かれ主任研究員となる。昭和50年、メリーランド大教授。帰国後、神奈川大学工学部教授、工学部長、学長を歴任。ユトレヒト大学、インド・ターター基礎科学研究所、中国科学院などの客員教授も務める。現在、早稲田大学理工学術院総合研究所客員顧問研究員として、研究と教育にあたる。著書多数。

**眠《ねむ》りにつく太陽《たいよう》**
**地球《ちきゅう》は寒冷化《かんれいか》する**

**桜井《さくらい》邦朋《くにとも》**

2010年10月10日　初版第1刷発行

発行者……………竹内和芳
発行所……………祥伝社しょうでんしゃ
〒101-8701　東京都千代田区神田神保町3-6-5
電話　03(3265)2081(販売部)
電話　03(3265)2310(編集部)
電話　03(3265)3622(業務部)
ホームページ　http://www.shodensha.co.jp/

装丁者……………盛川和洋
印刷所……………萩原印刷
製本所……………ナショナル製本

造本には十分注意しておりますが、万一、落丁、乱丁などの不良品がありましたら、「業務部」あてにお送りください。送料小社負担にてお取り替えいたします。

© Kunitomo Sakurai 2010
Printed in Japan　ISBN978-4-396-11215-8　C0244

## 〈祥伝社新書〉
## 「できるビジネスマン」叢書

015
**部下力** 上司を動かす技術
バカな上司に絶望するな！　上司なんて自由に動かせる！
コーチング専門家　**吉田典生《てんせい》**

095
**デッドライン仕事術** すべての仕事に「締切日」を入れよ
仕事の超効率化は、「残業ゼロ」宣言から始まる！
元トリンプ社長　**吉越《よしこし》浩一郎**

105
**人の印象は3メートルと30秒で決まる** 自己演出で作るパーソナルブランド
話し方、立ち居振《いふ》る舞《ま》い、ファッションも、ビジネスには不可欠！
イメージコンサルタント　**江木園貴《そのき》**

133
**客観力** 自分の才能をマネジメントする方法
オレがオレがの「主観力」や、無関心の「傍観力」はダメ！
プロデューサー　**木村政雄**

135
**残業をゼロにする「ビジネス時間簿」**
「A4ノートに、1日10分」つけるだけ！　時間の使い方が劇的に変わる！
時間デザイナー　**あらかわ菜美《なみ》**

〈祥伝社新書〉
目からウロコ！　健康“新”常識

071
# 不整脈
突然死を防ぐために
問題のない不整脈から、死に至る危険な不整脈を見分ける方法とは！
四谷メディカルキューブ院長
早川弘一

109
# 「健康食」はウソだらけ
健康になるはずが、病気になってしまう「健康情報」に惑わされるな！
医師
三好基晴

115
# 老いない技術
元気で暮らす10の生活習慣
老化を遅らせることなら、いますぐ、誰にでもできる！
医師・東京都リハビリテーション病院院長
林　泰史《やすふみ》

155
# 心臓が危ない
今や心臓病は日本人の死因の1／3を占めている！　専門医による平易な予防書！
榊原記念病院
長山雅俊

162
# 医者がすすめる　背伸びダイエット
二千人の痩身《そうしん》を成功させた「タダで、その場で、簡単に」できる究極のダイエット！
内科医師
佐藤万成《かずなり》

〈祥伝社新書〉
話題騒然のベストセラー！

042
高校生が感動した「論語」
慶應高校の人気ナンバーワンだった教師が、名物授業を再現！
元慶應高校教諭
佐久 協《やすし》

188
歎異抄《たんにしょう》の謎《なぞ》
親鸞は本当は何を言いたかったのか？
親鸞をめぐって・「私訳 歎異抄」・原文・対談・関連書一覧
作家
五木寛之

190
発達障害に気づかない大人たち
ＡＤＨＤ・アスペルガー症候群・学習障害……全部まとめてこれ一冊でわかる！
福島学院大学教授
星野仁彦《よしひこ》

192
老後に本当はいくら必要か
高利回りの運用に手を出してはいけない。手元に１０００万円もあればいい。
経営コンサルタント
津田倫男《みちお》

205
最強の人生指南書
佐藤一斎「言志四録」を読む
仕事、人づきあい、リーダーの条件……人生の指針を幕末の名著に学ぶ
明治大学教授
齋藤 孝